科学与未来
丛书
第2辑

草木伴人生

Caomubanrensheng

汪劲武 著

从每种植物的
起源到发展，
从传说到史实，
无不展现着其丰富的文化内涵

中国大百科全书出版社

图书在版编目（CIP）数据

草木伴人生 / 汪劲武著． —— 北京：中国大百科全书出版社，2015.9

（科学与未来丛书．第2辑）

ISBN 978-7-5000-9609-2

Ⅰ．①草… Ⅱ．①汪… Ⅲ．①植物——普及读物 Ⅳ．① Q94-49

中国版本图书馆CIP数据核字（2015）第201376号

责任编辑：徐世新　徐君慧
封面设计：童行侃
版式设计：童行侃
出版发行：中国大百科全书出版社
地　　址：北京阜成门北大街17号
邮　　编：100037
网　　址：http://www.ecph.com.cn
电　　话：010-88390718
图文制作：北京华艺创世印刷设计有限公司
印　　刷：北京佳信达欣艺术印刷有限公司
字　　数：232千字
印　　数：3000册
印　　张：14.5
开　　本：720×1020　　1/16
版　　次：2015年9月第1版
印　　次：2015年9月第1次印刷
书　　号：ISBN 978-7-5000-9609-2
定　　价：29.80元

序

　　本书分门别类介绍了与人类生活密切相关的一百多种植物，包括五谷杂粮、各色蔬菜、常见水果、植物油、芳香植物、三大饮料植物（茶、咖啡、可可）、纤维植物、药用植物、林木、花卉、杂草、水生植物、有毒植物、入侵植物。书中内容不仅仅是介绍植物本身的营养价值和用途，更像是一部植物的发展史。从每种植物的起源到发展，从传说到史实，无不展现着其丰富的文化内涵，以及与人类生活的密切关联。

目录

目录

五谷杂粮

云南麦地

　　人们常讥讽脱离实际的人是"四体不勤，五谷不分"，但是五谷你了解吗？"五谷"一词初见于《论语》，据记载，2400多年前，孔子带学生出门远行，子路掉了队，他见一老农就问："你看见我老师了吗？"老农说："四肢不劳动，五谷分不清，怎么当老师？"

　　顾名思义，五谷应指五种不同的谷物，这说明当时人们对粮食作物已有明确的分类概念。但古代对五谷有两种说法，一种为稻、黍、稷、麦、菽；另一种为麻、黍、稷、麦、菽。如将二者合起来看就有六种作物。而将二者对比着看，可能当时稻为南方作物，麻为北方作物，故有此区别。总之，五谷之名也可以认为是古人对重要粮食作物的总称。

一、你认识水稻吗？

稻属于禾本科稻属，共有20多种，最为广泛栽培的种名叫稻（含很多品种）。如果你走到了一片稻田边，旁边无人告诉你这是稻，你能认出它吗？你一定吃过大米饭，那你知道如果是在稻熟时节，根据稻秆上的稻穗形状和黄澄澄的稻谷就能认出是稻，但在它生长的早期，只是绿色秧苗，尚未出花序，该怎么认呢？我们可以拿它与同为五谷之一的小麦比较看看。水稻的叶舌位于叶片内侧基部、叶鞘的顶端内侧位置，非常明显突出，呈披针形，长8～25毫米，二深裂；而小麦的叶舌短小，呈膜质，明显不同于水稻叶舌。如果要用稻的花序去比较小麦的花序，那区别是很明显的。水稻花序呈开散圆锥形，而小麦的小穗在穗轴上紧密排列，只有1厘米宽。从小穗中的小花来看，稻的小花有6个雄蕊，小麦的则只有3个。从生态环境说，稻为水田作物，小麦为旱地作物。

稻的栽培历史很久，距今已有7000年。中国浙江河姆渡文化遗址中就发现了稻谷，说明人们在新石器时代就已经开始种稻了。早在中国夏商时代，北方已种稻，商代甲骨文中就有"稻"字。今天稻在长江流域及以南地区广泛种植，东北、华北也有不少。非洲和美洲的稻是从其他地方引入的，前者由阿拉伯人传入，后者是由非洲移民带去的。

现在稻的品种，南方本多为籼稻，后来多改种粳稻了；北方为粳稻。用籼稻的米做出来的饭松散无黏性，用粳稻做的则黏性大、口感更好。

收获稻谷时，打下的稻粒黄灿灿的，每一稻粒为其一个小穗，小穗只有1朵两性花，结实成果实，为糙米，糙米外面包着的是黄色的谷壳。谷壳分为外壳和内壳。植物学上称为外稃和内稃。

由于中国稻作文化历史悠久，因此民间就有关于稻谷来历的种种传说故事。例如少数民族瑶族中就流传着这样一个故事：在很古老的时候，人们吃野果吃不饱，就去问一个颇有见识、无所不知的老婆婆有什么办法，老婆婆说，有一种稻谷，它的米做饭又香又饱肚子，在洪水到来之前，神仙将稻种藏在红水河对岸山崖上的一个洞里，你们去取吧！人们到了红水河岸边却过不去，就

a 疣粒野生稻　　　　b 普通野生稻　　　　c 药用野生稻

野生稻

对鸟说，鸟儿啊，你飞到对岸山崖上的洞里给我们带些稻种来吧！鸟答应了，飞到了山洞中啄了一些稻种贮存在嗉囊里带回来。可是后来人们种植鸟儿吐出的稻种时，稻种却始终没有发芽。于是人们又去找野鸭和老鼠帮忙，野鸭背老鼠过了河，老鼠再爬到山洞中去取稻谷。这次也成功带来了稻谷，老鼠将稻种交给人们，人们把从老鼠那里获得的稻种拿去种，结果是年年丰收。稻谷的米做熟后特别香，而且能让人填饱肚子，男女老少皆大欢喜，而老鼠也可以吃人剩下的稻米或米饭。

江苏常州另有一个传说，讲的是远古时代，世上没有稻谷，人们苦无饭吃，天上守粮库的天狗对人类之苦十分同情，决定弄些稻谷种给人类作种子。于是天狗在粮库里打了个滚，让满身都沾满稻谷，准备送到人间去。从天上到人间去的路上有一道天河，天狗只好游水过河，结果它过河后发现，身上的稻谷都被水冲走了，只有翘着伸出水面的尾巴上的稻谷没被冲走，便将所剩的那点稻谷送到人间。人类用这点儿稻种辛勤耕种，一年一年越种越多，终于解决了吃饭问题。人类为了感谢天狗的恩赐，便养起狗来，对狗特别爱护。

传说归传说，科学家经过考察，发现中国南方不少地区有野生稻分布，它们生长在沼泽地，有匍匐茎横卧水面，将它们与南方广种的籼稻杂交，可以结实，因此这种野生稻谷被认为是栽培籼稻的野生祖先。另外，有的野生稻（如安徽巢湖一带的）在深浅不同的水中生长，籽粒短些、圆些，易脱落，穗子有芒，这种野生稻在古书中有记载，称为"櫹稻"。如《淮南子》中记载："离先稻熟，而农夫耨之。"句中的"离"即指"櫹"，"耨"意为"除"。整句意为野生稻比栽培稻成熟早，因此农人先除去杂生的野稻，以免影响栽培稻的质量。现在人们认为上述的櫹稻为栽培粳稻的野生祖先。

野生稻的广泛存在证明栽培稻是将野生稻引种驯化而成的。野生稻的历史久远，也证明中国是栽培稻的起源地之一。

劳动人民的智慧是无穷的，当稻进入人类社会后，人们开始对稻精心培育，给它"吃"好的，给它好的"居住"条件……逐渐培育出了许多好的品种，产量逐渐提高。20世纪70年代，袁隆平杂交水稻的培育成功，使得稻的产量大幅提升，解决了中国人的吃饭问题，为国家作出巨大贡献！

就稻与民生来看，它作为五谷之首，当之无愧！

二、小麦与大麦

这里谈谈小麦与大麦的区别，因为作为五谷之一的麦，应包括小麦和大麦。

小麦与大麦不同属，小麦属小麦属，大麦属大麦属。二者的最大区别是小麦麦穗穗轴上每节只生1个小穗，大麦麦穗穗轴上每节生3个小穗。知道了这点，在出穗时期到了麦田，便很容易辨别出大麦和小麦。

当今人工栽培的普通小麦，最早是由一种名叫野麦草的野生小麦进化而来的。野麦草也叫野生一粒小麦，它的籽粒只一个，而且小。但由于野麦草的籽粒味道不错，人们采食得多，于是开始栽培驯化野

小麦

麦草。科学家研究发现，这种小麦的细胞里的染色体共有14条，是7的2倍，因此叫二倍体一粒系小麦，其籽粒比野麦草的籽粒要大一些。在人类栽培小麦的长期过程中，它与同生的另一野生也是二倍体的山羊草天然杂交，杂交种染色体加倍，有28条，称作四倍体二粒

大麦

系小麦。这种小麦每个小穗有2朵花结实，籽粒也大些，自然产量也高些。

也是凑巧，在栽培二粒系小麦的漫长历史中，二粒系小麦又与一种野生二倍体的禾草莶莶草杂交，其杂交种的染色体天然加倍，成为六倍体普通小麦。它的穗大、籽粒多，可以说是当今众多小麦品种的祖先。中国安徽亳县的新石器时代遗址（距今约4000年）中，便有大量小麦炭化籽粒。

大麦原产于中国，中国科学家在青藏高原上发现了各种野生的大麦，分布在金沙江流域、雅砻江流域、澜沧江流域、怒江流域、雅鲁藏布江两岸等地，范围相当广，包括三个种，即野生二棱大麦、野生六棱大麦、野生瓶形大麦。通过人工杂交，人们确认野生二棱大麦为最原始的野生大麦种，其他两种为野生二棱大麦进化发展而来的。中国野生大麦的发现，说明中国是栽培大麦最早的国家之一。现在青藏高原地区，大麦仍是重要粮食作物。

三、稷和黍

关于稷，有两种说法，一种指谷子（即粟），一种指黍的不带黏性的品种，笔者更认同前一种说法。

稷实际就是谷子，谷子去了壳就是小米，北方农村称小米为谷子，它不同于南方产的水稻谷粒。

谷子是中国原产的粮食作物之一，为五谷之一。在山西省夏县西荫村古代遗址中，有原始谷粒化石，证明谷子祖先在那些地方生长已有5万年历史了。陕西西安半坡村文化遗址中，有窖藏的谷粒堆，证明6000多年前，那里已种植谷子了。

在中国古代原始农业时期，谷子是最重要的农作物，2000多年前的农书《氾胜之书》中，将谷子列为五谷首位，可以为证。同时说明当时人民的主粮是谷子，因为北方广大地区为旱地，无种植水稻的条件。东汉年间曾下过一次"粟雨"，就是说在一次狂风暴雨之后，从天上降下很多谷来。当时人们认为风暴来时，谷子被刮飞起来又落于地，即成谷雨。如属实情，这间接证明了当时种谷之多。由于谷粒小而轻，被狂风刮上天是完全可能的。

谷子也像小麦一样，是从野生原始的种经过人工栽培驯化而形成栽培谷种的。那么野生的谷子是什么植物呢？据农学家和植物分类学家研究，现今见到的野生狗尾草，应是谷子的始祖，狗尾草按分类学属于禾本科狗尾草属，花穗为圆柱形，极像谷子，只是瘦小很多。狗尾草的籽粒能当粮食吃，把它当粮食种起来，还有收成。20世纪60年代初，笔者下放到京郊门头沟清水村，与农民下地劳动，锄谷子苗时（即通过小锄为谷子苗松土，同时拔去混在谷子苗中的狗尾草苗，农村称狗尾草苗为"谷莠子"）农民教我怎么认出这谷莠子，原来这种小苗从基部就有分蘖（即分枝），分蘖斜出、不直立，而谷子苗是直立

谷穗

的；另外，谷莠子苗叶较柔软，叶中脉呈白色，而谷子苗叶较硬而挺直，一眼即可看清。即便这样，仍有许多谷莠子漏了网，没被拔掉，它们混在谷苗中长大、长高，待穗子熟时，谷莠子也长得跟谷子一样高（1米以上），但它粗壮得多，小穗的刚毛也长得多，一眼就能认

劳作的农民

出。原来这谷莠子是野生狗尾草与谷子天然杂交的杂种，它结的籽粒不如谷子大，只是比野生狗尾草长得高了，俨然谷子的样子，它还可能早熟一点，籽粒落入田中，为下年再混进谷子田作准备。

谷子经过长期人工培育，出了许多优良品种，据说今天谷子的品种有一万多个。

谷子营养价值高，含蛋白质10%，高于大米和玉米，含脂肪2%，远高于大米，还含有多种维生素。鲜小米中的维生素E有保护红细胞膜的作用，有益于心脏、肝、内分泌系统，因此常喝小米粥，能延缓衰老。谷子还有个优点是便于贮存，古代说的"五谷尽藏，以粟为主"即指它耐储存，如果采取防潮措施，它可存几十年不坏。

谷子与小麦、水稻形态相似又各有不同。谷穗子呈圆柱形，有点像小麦麦穗，但谷子的小穗比小麦小得多，呈圆粒形而且密集。谷子成熟时穗子沉甸甸地下垂也与小麦不同。谷子与稻在花序上不同，稻是圆锥花序，分枝开散形，而谷子花穗紧密。

再说一下黍子，黍属于禾本科黍属，也是古代重要作物之一，原产于中国。它与谷子在形态上的明显区别是，黍的花序是松散形圆锥花序，不像谷子的花序那么紧密并呈圆柱形的。

1931年在山西万荣县万泉乡荆村新石器时代遗址中曾发现了黍穗和黍壳，距今有6000～7000年，这说明当时已栽种黍作为粮食作物。现今黍子栽培较少，因其产量远不如谷子。

黍米特性是黏，北方农村俗称其为黄米。它的黏性像稻中的糯米，黍在古代有过辉煌时期，常与谷子并称，如黍稷。后来由于黍的产量低，于是谷子成为首要作物，这情况一直持续到南北朝时期。春秋以后麦子多起来了，从战国到汉代，中国北方栽培麦已相当普遍，但仍次于谷子而超过黍。

四、菽是什么？

菽，按《齐民要术》大豆第六篇记载："张辑《广雅》曰：大豆，菽也"。菽就是大豆，大豆属豆科大豆属。大豆也是中国原产，至今在中国广大地区还能看到野生大豆分布，而且生长状况良好，靠种子自然繁殖。世界各国的大豆都直接或间接从中国传入。英、俄、法、德等国文字中的"大豆"，都是菽字的音译，如英文的大豆为"soja"。

大豆营养价值相当丰富，素有"豆中之王"的美誉，被人们叫作"植物肉"、"绿色的牛乳"。古代重视大豆种植是有理由的，今天大豆仍为油料作物之一。

战国时代的书中常有菽粟连称的记载，说明二者地位相当，可见当时大豆的重要性。有些地方的人甚至以大豆为主食。

五、麻是什么？

古代五谷中的麻实际是指大麻。今天看来，大麻作为谷物似乎有点不可思议，因为麻是纤维作物。但据考古研究，大麻在新石器时代既是重要纤维作物又是食用作物，不过在食物中不占主要地位，也许古代粮食严重缺乏，人们见大麻籽像谷子，尝试吃了吃，觉得还不错，就吃起来。但大麻籽产量不会高于其他谷类作物，在南北朝时大麻籽只用来煮粥吃，不是主粮了，以后逐渐吃得更少。因此古代五谷应为稻，麦、稷（谷子）、黍、菽（大豆）比较准确。

六、五谷之外的粮食作物

古代的五谷都原产于中国，是最早用于栽培的作物。后来从海外传入的粮食作物由于适应性强，产量也高，吃起来可口，可补主粮之不足，因此得到了广泛栽培，甚至在某些地区成为主粮。属于这类粮食的主要有两种，一为玉蜀黍（又称玉米），另一为番薯（又称白薯），它们都来自南美洲。

1、玉米

玉米在中国北方分布范围广，在山区几乎为主粮。

玉米原产于中南美洲，从墨西哥出土的玉米花粉粒证明，玉米在那里已有几万年历史，当时至少有玉米的野生祖先大刍草生存。在墨西哥、秘鲁的古墓中发现了玉米果穗遗迹，说明人类栽培玉米至少有5000～7000年历史了。直至今日，玉米仍是印第安人最重要的食物，分布遍及南、北美洲。

1492年，哥伦布发现美洲大陆，从此玉米从美洲传入欧洲，当时欧洲人只将其作为观赏植物。后来仅20多年时间玉米遍及欧洲大陆。玉米传入中国大约在16世纪中期，一种说法是明代万历年间（1573～1620）传入中国，人们称之为"番麦"，因外人进贡于皇帝，又有"御麦"之称。玉蜀黍、苞米、苞谷、珍珠米均为后人对玉米的称谓。另一种说法认为玉米传入中国约在1531年，先到广西，由于广西文献记载早于其他各省的缘故，传入的方式估计是从海路来的。

玉米

"玉米"之名，据说是清慈禧太后起的。八国联军进攻北京时，慈禧仓皇带太监和随从逃亡，到了京郊一个村庄，天色已晚，便住下来。太监从村民处弄来几个窝头，请慈禧吃，慈禧过去从未吃过这种窝头，感觉味道不错，就问太监这是由什么东西做的？太监说是用"棒子"（当时民间的称呼）做的。慈禧听后说，这么好吃的东西，不要叫"棒子"了，叫它"御米"吧，后来"御米"被叫成了"玉米"。

玉米属禾本科玉蜀黍属，植株高大，叶宽带状，中部叶的叶腋生雌花序，可形成玉米棒子（果序），上生玉米籽粒。雄花序生茎顶，开散圆锥形，由风传花粉到达玉米须（花柱）顶端完成传粉，才能结出玉米粒来。

玉米营养丰富，含蛋白质达10%、脂肪4%多，含淀粉65%，还含有多种维生素。玉米须（花柱）入药，有调中开胃、利尿等功能。

2、番薯

番薯原产于美洲，也是哥伦布将其传入欧洲的，后传入东南亚。传入中国有两种说法，一为广东东莞人陈益于明万历八年（1580）抵达安南（今越南），他于1582年将番薯种带到广东东莞，在家乡试种成功之后传播至各地。另一种说法认为是福建人陈振龙到菲律宾吕宋去做生意，他看到当地人种番薯

番薯

为粮，认为是好东西，想将之传入中国，但当时番薯是禁止出口的，陈振龙就设法避开检查，成功将番薯带回国内。陈振龙的儿子陈经纶向福建巡抚金学曾推荐种番薯，并在自家地种植成功，金学曾认为种植番薯可行，令各

县栽种推广，获得成功。次年遇上荒年，谷物减产，遭遇粮食危机，而种番薯的地方因为有番薯吃，免了饥荒之苦。此后番薯又传入浙江、河南及黄河以北地区，番薯种植得以广泛推广，广大地区人民因此而受益。后人在福州修建了"先薯祠"，以纪念金学曾、陈振龙等人的功绩。由于番薯产量高，受到广泛欢迎，几乎全国各地都有种植，有的地方有"番薯半年粮"的说法。笔者1965年在河北新乐县见到当地人民以种番薯（当地叫白薯）和玉米、小米为主，因沙质土疏松，利于番薯生长，番薯亩产可达几千斤。由于旱地、沙质地不宜于种稻和麦子，更突显了番薯的优势。

番薯属于旋花科番薯属，为一年生草质藤本，地下有肥厚的块根（通常吃的就是这部分根），茎匍匐于地上，叶宽卵形、基部心形，花冠钟状、近似喇叭形、白色或粉红或淡紫色。

番薯块根除可食用外，还可加工成淀粉或酒精。番薯营养丰富，含糖、蛋白质、粗纤维、脂肪、维生素A、维生素B_1、维生素B_2、维生素C、钙、磷、铁等。

3、马铃薯

马铃薯俗名土豆，也叫洋芋等，也是高产作物。它的地下块茎富含淀粉，可作为粮食，这一点与番薯有相似之处。不过为何马铃薯的薯块是块茎而非块根呢？这是由于马铃薯的薯块上有芽，表面凹陷处即是芽眼，在其边缘还可看到有一道痕迹，并有鳞片状的变态叶，这正是证明马铃薯薯块为变态茎的地方。而番薯无此特点，它只是根的膨大而已。

马铃薯原产于南美洲智利的河岸边和秘鲁的山上。秘鲁人把马铃薯种在高山上，因马铃薯喜欢冷凉气候。如在高山上种番薯就不行，因为番薯生性怕寒。马铃薯是印第安人的主要食物。在印第安人的古墓中发现的各种陶器上绘有马铃薯块茎及其芽眼的图案，由此推断当地马铃薯的栽培历史至少有4000年以上。印第安人原本生活在南美热带森林中，但由于那里生活条件恶劣，野生

马铃薯

动物多，蚊虫尤多，威胁其生存，因此印第安人便进入安第斯山高原地带生活。由于高原许多作物不能生长，食物缺乏，迫使印第安人寻求新的粮食作物。经过长期摸索，他们终于找到了马铃薯，而且成功实现了人工种植，这帮助了印第安人在安第斯山高原地带长期生存下来。

1492年哥伦布发现了美洲大陆，在那里看见了印第安人种植的马铃薯，并将其带到了欧洲。最初，欧洲人只将马铃薯种在花园里当观赏植物，误认为它的果实（浆果）可食，对其块茎则一无所知。他们称马铃薯的浆果为"妖魔的苹果"，因为这种果实吃之有苦味并有毒。直到18世纪中叶，人们才知马铃薯的块茎可食，但也只认为它是粗糙的食物。据说马铃薯作为粮食在欧洲的推广得益于一位法国农学家，他经过长时间实践，知道马铃薯不仅可食，而且是品质好的食物，通过他的努力种植和大力宣传，法国农民才开始种马铃薯，很快欧洲各国都大量种植。

马铃薯传入中国仅在100多年之前，可能是华侨从南洋传入的，主要在北方种植，以东北、华北及南方气候凉爽的山地为主要种植地。北方的河北、山西二省种得最多。有农谚云："五谷不收也无患，只要二亩山药蛋。"山药蛋即马铃薯，可见农民对马铃薯的重视。

马铃薯属于茄科茄属，它是一种多年生草本植物，羽状复叶，花白色或蓝紫色。果实为球形浆果，绿色或淡黄色，有点像西红柿，但远不如西红柿好吃，一般不吃它。

4、高粱

高粱和大豆是中国东北的重要物产。抗日战争时期，著名抗战歌曲《松花江上》传遍了大江南北，唱遍了大后方。其中的歌词"我的家在东北松花江上，那里有森林煤矿，还有那满山遍野的大豆高粱"更是耳熟能详。可见那时东北种植的大豆和高粱之多，高粱是当时东北人民的主粮。今天高粱不如那时多了，但仍有种植，是好的饲料和酿酒原料。

高粱也是中国古老的粮食作物，在山西万荣县万泉乡荆村新石器时代遗址中发现有高粱籽粒，距今6000多年。中华人民共和国成立以后，在多处发掘的古代遗址都发现有高粱遗存，如河北石家庄发掘的战国时期赵国遗址中就有已炭化了的高粱籽粒。这就证明中国栽培高粱历史悠久，是高粱原产地之一。

还有一说是高粱原产于非洲，因为在距今5000年的埃及古墓中，发现了完整的已炭化了的高粱籽粒；古埃及阿富利亚宫的雕刻艺术品上，有完整的高粱植株图案。因此有人认为高粱既源于中国也起源于非洲。

高粱

　　高粱是一种很耐旱的作物，它的根系的吸水力是玉米的2倍，它的叶片有一层蜡质保护层，因此水分散失比较少，在干旱季节，它的叶片仍可与外界保持正常的水分交换。高粱还能抗涝，在积水几尺深的地里生长也不妨碍收获。此外，高粱还耐盐碱。难怪人们称高粱是"铁杆庄稼"！

　　高粱属禾本科高粱属。它的植株很像玉米，也有玉米那么高，只是叶片比玉米的叶片稍窄一些，花序圆锥形，较紧缩，生于茎顶，有两性花和雄花同在一花序中，不像玉米雌花序在叶腋生，高粱的雌花序生茎顶，开散圆锥形。

各色蔬菜

各色蔬菜

　　蔬菜也是人类赖以生存的植物，其种类繁多，在人类日常生活中无处不在。下面我们来说说其中一些常见的种类。

一、白菜、甘蓝一家两地

　　叶类蔬菜有很多种，其中又以白菜和甘蓝最为重要。白菜、甘蓝非常有趣，虽然它们是一家，亲缘近，分为两个族群却起源于两个地区。白菜和甘蓝均属于十字花科芸薹属。中国的白菜野生种类和历史考古发现均说明白菜原产于中国，而甘蓝的原产地却在欧洲，因此有一家两地之说。

　　白菜原产于中国，包括它的近缘种，如油菜、芥菜、蔓菁（即芜菁）等均源于中国；甘蓝原产于欧洲，包括其近缘种或变种，如卷心菜（洋白菜）、球茎甘蓝（亦名茎蓝）、菜花（花椰菜）、羽衣甘蓝等皆原产于欧洲。

白菜在北方称大白菜，南方也叫黄芽白，是由于其叶包心，心叶密集不见光，十分细嫩，一棵较大的白菜可重达几千克。食之柔嫩可口，且有点甜味，故历来受群众欢迎。而生长于南方的白菜却不包心，叶片绿色，也很好吃，很明显，北方的大白菜是人工长期定向培育成的。

白菜

白菜在唐代及以前叫"菘"。为什么叫菘？李时珍引《埤雅》云："菘，凌冬晚凋，四时常见，有松之操。"故曰菘，今俗谓之白菜。"白菜"之名大约在宋代即已出现，据宋（公元11世纪）苏颂的考察，有云："扬州一种菘，叶圆而大……之无滓，绝胜地土者，此所谓白菜"。

白菜含丰富的维生素C，还有铁、磷、钙和少量蛋白质，又能入药。《本草纲目》中有介绍：用白菜捣烂外敷，治漆毒生疮。将其叶子研细，分两次水调服，可解酒醉不醒。由于白菜中干物质的90%以上是粗纤维，能助消化，减少便秘之患。此外，它所含的维生素C能抗坏血病。

白菜价廉物美味甜嫩，实为不可或缺的蔬菜。

甘蓝的原始祖先现今在欧洲地中海地区还可找到。经过人工长期培育，出现了一些变种，比如卷心菜（洋白菜），其中心叶片层层紧包，就像大白菜（包心菜）那样。另外还有菜花（花椰菜），它的茎顶端为一头状体，由无数的花序梗、花梗、不发育的花和萼片组成，而且肉质为一团白色块状，这就是市场上常见的食用菜花。羽衣甘蓝的叶羽状分裂，有各种颜色，如粉红、紫红、黄白色等，有观赏价值。球茎甘蓝，又称擘蓝，是甘蓝的近缘种，农学家认为它是由羽衣甘蓝的茎部加粗而缩短所成，是一个独立的种。

卷心菜（洋白菜）与白菜明显不同，前者的叶明显比后者更厚更硬。卷心后多呈球形或扁球形，不呈长圆形。

甘蓝的野生种类今还生长在地中海地区陡峭的岸边，它的茎比较高，有一些直立的，不卷成球的叶片。根据考证，最早栽种甘蓝的人是居住在西班牙的古代伊比利亚人。甘蓝从他们那里传到希腊、罗马和埃及。甘蓝很早就为古代埃及居民所知，埃及人多在吃完饭之后，将煮熟的甘蓝当甜点吃。古代希腊、罗马人十分喜欢甘蓝，认为它是一种能使人精神饱满、心情愉快的蔬菜。罗马人不仅爱吃甘蓝这种蔬菜，还认为它是药物，可治疗失眠、中毒、酒醉、头痛、胃病等。俄罗斯古代医生认为，捣碎甘蓝，与蛋白混合，可以外敷治烫伤。

甘蓝的汁液含丰富的维生素C，还有助消化的作用。

甘蓝之名在中国最早出自《本草拾遗》、《千金·食治》中，名曰蓝菜。《中国蔬菜栽培学》中名为包心莱、洋白菜。《中国药用植物图鉴》名为卷心菜。这就是说中国名叫甘蓝的并不是指其原种甘蓝（其叶不包心），而是通常所说的洋白菜。其拉丁学名为*Brassica oleracea* var. *capitata* L.，是一变种（野生甘蓝的一变种，变种加词"capitata"有"头状"之意，指其包心似圆头状的意思）。

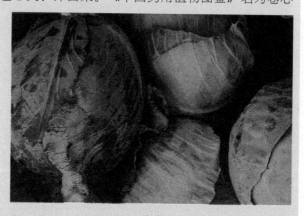

甘蓝

二、萝卜好有趣

萝卜原产于中国，自古即为群众喜欢的蔬菜，栽培历史悠久。《诗经·邶风·谷风》中曰："采葑采菲，无以下体。"其中的菲就是萝卜。说明萝卜为中国栽培极早的蔬菜之一。而且它的栽培地区几遍全国各省区，民间关于萝卜的谚语不少，其中最有趣的是"离了萝卜摆不了席"，说明萝卜在宴席菜中的地位还真不低。中国洛阳有一道名菜叫"洛阳燕菜"，其中用萝卜代替燕窝，所以又叫假燕菜。这道菜来头不小，传说唐女皇武则天时，御厨曾用大萝卜配上一些山珍海味做了一道菜。武则天吃了，觉得像燕窝，就赐名"假燕菜"，这道菜吃起来柔嫩爽口，极像燕窝。

今天以萝卜为原材料做的菜，不论荤炒、素炒或烧汤配料，其菜名不可胜数。别的不多说，只说用萝卜烧肉，有肉不走味、萝卜还香的特点，就足以让萝卜艳冠群芳。餐厅里常有红烧牛肉萝卜这道菜，风味颇佳。用萝卜加猪肉做汤也十分鲜美。就是单用萝卜做菜也好吃。萝卜丝和米煮粥，味道又香又美。

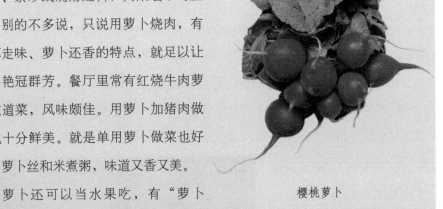

樱桃萝卜

萝卜还可以当水果吃，有"萝卜赛过梨"的美誉，因为萝卜有汁多味甜、脆而无滓的特点。尤其是心里美萝卜（品种之一），里面紫红色，切片吃之，口感极好。萝卜营养丰富，维生素C的含量是梨和苹果的8～10倍，另外还含蛋白质、脂肪、糖类、无机盐、B族维生素，以及钙、磷、铁和多种酶。

萝卜食疗作用大。生萝卜有辛辣气味，那是由于它含芥子油，它和萝卜中的酶起作用能促进胃肠蠕动，可开胃增食欲、助消化。油腻食物摄入过多可吃萝卜助消化。

医学界发现萝卜有一定的防癌作用，这是由于萝卜含一种能分解亚硝酸的酶，可使致癌物质亚硝胺分解而失去作用。萝卜含的木质素，能提高巨噬细胞的活力，可吞噬癌变细胞。据说萝卜丝加白糖服用可抑制烟瘾。难怪民间早有各种谚语，如"萝卜进城，药店关门"、"萝卜上街，药店下牌"等。对于萝卜的效用之神，有人用"小人参"来比喻，的确有些道理。

关于萝卜治病，还有个故事。传说慈禧太后有一年做寿，由于贪吃了美食，消化不良。御医用上等人参治之，不但不好，反而食欲缺乏，于是就张榜招医。结果有个民间郎中出一方，用三钱萝卜子研细，加入点面粉，以茶水拌之，做成三粒药丸。慈禧服了药丸，竟然

萝卜

真的好了，慈禧便赐给这个民间郎中一个红顶子（清代官衔的标志）。因此当时就有趣话说："三钱萝卜子，换个红顶子"。

你认识萝卜吗？在菜市场，你看见萝卜、白菜或油菜，一定认得的。但是在大田里，萝卜和白菜都开花了，你分得清哪些是萝卜、哪些是白菜或油菜吗？由于平时未见过，恐怕不一定分得清呢！萝卜的花是淡紫白色的，白菜或油菜的花都是黄色的。

三、胡萝卜赛人参

胡萝卜和萝卜一样，都是地下有肥大的直根。但是它们开花时，形态各异，胡萝卜的花特小特多，组成复伞形花序（由许多小伞形花序再组成伞形花序）。而萝卜的花较大，组成总状花序（花枝上下排列花而成）。另外，它们结的果实也不同。因此它们不同科，胡萝卜属伞形科，萝卜属十字花科。因此不要因名中都有"萝卜"二字而混淆其区别。

胡萝卜的"胡"字，说明它是从西域引种进来的，非中国原产。清乾隆时，有书《肃州新志》介绍胡萝卜云："有红、黄二种，甘甜堪食，可生可熟。昔人题云：'不是张骞通西域，安能佳种自西来。'盖出西域，故云。"大凡

植物名前有"胡"字的，多为西汉西晋时，由西北引进的，如胡桃即是。胡萝卜之名在宋代本草书中记载很多，宋人唐慎微著的《经史证类备急本草》三十卷，收药物1558种，此书于南宋高宗绍兴二十九年（1159）再次修订，改名《绍兴校定经史证类备急本草》，其中收有胡萝卜。这说明宋代人民已栽种胡萝卜了。

西方历史上，胡萝卜也早被用作食物。中世纪时，有个神话故事传说胡萝卜是住在森林中的个头矮小的老人的美食。如果在天黑之前把放有蒸熟的胡萝卜的盘子放在森林里，晚上老人就会来吃胡萝卜，为了报答，老人会放金锭作为报酬。相信传说的人，真把盛了熟胡萝卜的盘子放在树林里，经多次试验，却从未见金锭。

食用胡萝卜是由野生胡萝卜培育来的，野生胡萝卜原本是多年生草本植物，栽培的为二年生的。法国有个蔬菜栽培学家，在19世纪30年代做了试验，他在六月播种胡萝卜，当年开不了花，但其根却稍肥了一些，次年夏天长出茎叶，并开花结籽，如此经过8年栽培，并往土里施肥，从根已较肥大的胡萝卜中选出种子，再种时，终于得到跟通常栽培的胡萝卜一样的二年生种。今天仍可以找到野生胡萝卜，如山东烟台昆嵛山中就有，拔出来一看，它的根又瘦又硬，根本不能吃。

胡萝卜

胡萝卜含糖高，有芳香甜味，含丰富的胡萝卜素，人体摄入后可转变成维生素A，故多吃胡萝卜可防止肺癌，又有利于眼睛和皮肤的健康，凡皮肤粗糙、眼干燥或小儿软骨者，均因缺乏维生素A之故。胡萝卜还含维生素C、蛋白质和脂肪及矿物质，另外还含九种氨基酸和十多种酶。所含的粗纤维有助消化的作用。

胡萝卜也有保健作用，中医将胡萝卜作为营养健胃剂。现代医学研究认为胡萝卜有降血压、强心、抗炎、抗过敏的作用。高血压患者可饮用胡萝卜汁，使血压下降，因胡萝卜中含琥珀酸钾盐，为降血压有效成分。

胡萝卜花中含槲皮素，能降血脂，胡萝卜中大量果胶可与汞结合，以降低血液中汞离子浓度，防止汞中毒。

由于胡萝卜营养丰富，老少皆宜，价格便宜，中国民间赞它为"小人参"。在日本，则赞其为"菜人参"。

四、菠菜的身世

菠菜属于藜科菠菜属，原产于地中海地区或西亚伊朗一带。中国在唐代以前，没有关于菠菜的记载。《唐会要·杂录》记载："贞观二十一年泥婆罗国献菠菜，类红蓝花，实如蒺藜，火熟之，能益食味。"因此，人们认为中国的菠菜是由尼泊尔传入的，泥婆罗乃尼泊尔的古称。在伊朗也发现有野生菠菜，可能为今日栽培菠菜的野生祖先。故也有一种说法是中国的菠菜是从伊朗传入的。以上两种说法均有一定道理。

菠菜传入中国后，很受欢迎，栽培发展很快。传说有一年乾隆皇帝下江南，到了镇江，感到饥渴难耐，便在一农家用饭。农妇家贫，但见有衣着华丽的贵客上门，就奉上自家认为最好的菜——菠菜烧豆腐。乾隆吃了此菜，连连称赞为好菜，问其菜名，答曰："金镶白玉板，红嘴绿鹦哥"。查考一下古籍，《授时通考》中称菠菜为鹦鹉菜，可能"红嘴绿鹦哥"即源于此，另从字面上看，红嘴可能指菠菜的根，红色如鹦之嘴，绿色的叶子代表鹦之身体绿色。而"金镶白玉板"之名，在袁枚的《随园食单》中可找到：菠菜肥嫩，加酱水豆腐煮之，故人名"金镶白玉板"是也。

从前文可知菠菜传入中国至少有一千多年历史了。千余年来，中国人民不仅掌握了菠菜栽培技术，而且不断丰富了菠菜的吃法、烹调法，古代人吃菠菜多做汤，据《植物名实图考》："北地三四月间，菠菜把高如人，肥壮无筋，焯而腊之入汤，鲜绿可爱，目之曰'万年青'"。也有不做汤的，如宋代《梦粱录》记录的"菠菜果子馒头"。现代烹饪家认为它相当于今天用菠菜做馅的包子。今天菠菜的做法更是多得不可胜举，如四川有一种叫"菠饺"的，另有风味，做的方法是用菠菜绿色菜汁和面做饺子皮包肉馅饺子，煮熟后，再倒入已调制好的鲜汤内，即可食用。

最普遍的吃法是素炒菠菜，烹饪时要注意保持其青绿色，应先把油烧滚后再放盐，然后下菠菜，菠菜下锅后，要快急翻炒，使其均匀受热，一旦出汁即起锅，这样做出的菠菜色翠绿、清香爽口。菠菜还可以炒肉片，炒猪肝，炒鸡蛋等。菠菜炒豆腐更是古已有之，但此法有一不足处是由于菠菜含草酸，容易与豆腐中的钙、镁合成不溶于水的草酸钙、草酸镁，因此，最好在烹调前将菠菜用开水焯两分钟，使草酸大部分溶于水中。菠菜也可凉拌了吃，做法是将水烧开，放入菠菜，翻几下即捞出以冷开水浸之，切成小段后再加作料即成。

从前河北农民吃菠菜是洗净菠菜，放盐水煮即可吃，这是当饭吃的吃法。

菠菜有丰富的营养，含蛋白质、碳水化合物和多种维生素。

菠菜可以入药。《本草纲目》记载："菜及根，气味甘冷滑无毒，利五脏，

菠菜

通肠胃热。解酒毒……通血脉，开胸膈，下气调中，止渴润燥。根尤良。"现代中医认为菠菜性冷，可以疗热。痈肿毒发、酒湿热毒、痔疾等病症多由于来自肠胃的热毒引发，故用药多从甘入，由于菠菜味甘，故能清理肠胃热毒、减轻病症。另外，菠菜是滑肠的药，可治便秘。

菠菜的根含两种皂苷，有一定的抗菌和降胆固醇的作用。

五、蕹菜的神奇

蕹菜是南方的蔬菜，长江以南广大地区无不有之，尤以广东为最，是大众化的蔬菜之一。笔者为南方人，从小即对蕹菜（俗名蕻菜）有偏好，叶子细嫩的蕹菜，油炒不加肉也很好吃。它的叶柄和茎单炒，加辣椒，是一种很好的下饭菜。它有一个特点是清淡平和不抢味，不管和哪一种肉类一起烹调，都不会改变肉的原味。孙中山先生特喜吃蕹菜，章太炎先生也如此，夏天时，几乎天天要吃，可谓蕹菜的知己了。蕹菜又以嫩叶芽最为上，民间有"新出蕹菜芽，香过猪油渣"的说法。

蕹菜含多种营养物质，如维生素A和维生素C含量都远远高于西红柿，钙含量也多达西红柿的20倍。它还含多种人体不能合成的氨基酸。它和菠菜一样也含有草酸，只要烹调之前用开水稍焯一下即可除去。

蕹菜有医疗保健作用，中医认为此菜性寒，清热解毒解暑，凉血利尿，可治便秘、便血、痔疮、痈肿等症。蕹菜中粗纤维多，能促肠蠕动，达到通便解毒作用。治肺热咳嗽，用带根蕹菜和白萝卜一起捣烂绞汁，配蜂蜜调服。

蕹菜还有特殊医疗作用。《南方草木状》中说："世传魏武能噉冶至一尺，云先食此菜。"唐代的《本草拾遗》中云："南人先食蕹菜，后食冶葛，二物相伏，自然无苦。"这是说蕹菜有解冶葛毒的功用。冶葛为胡蔓藤的别名，此植物有剧毒，食其叶如抢救不及时必死无疑。现今医家言，如人误食毒菇，用鲜蕹菜捣汁大量灌服可治。

蕹菜属于旋花科番薯属，为一年生蔓性草本，全株光滑。茎中空，匍匐地

蕹菜

面或浮生水面，叶椭圆三角形或卵状三角形，全缘。叶柄长，花像牵牛花、喇叭形。旱地种的蕹菜叶较小，茎也较细，叫旱蕹；种在水中的叶大，茎也粗，叫水蕹。

蕹菜有许多别名，如空心菜（或无心菜）、蕻菜、蓊菜、蕹等。为什么叫蕹菜？李时珍在《本草纲目》卷二十七蕹菜条云："蕹"与"壅"同，此菜唯以壅成，故谓之"壅"，后称为蕹，或蕹菜。蕻菜、蓊菜皆谐音而来，有的书上说蕹菜之名在晋代即已有之，当时作何解说已不可考。

在众多别名中，空心菜最有意思，因为蕹菜的茎是中空的，又叫无心菜。关于此还有个民间传说呢！据说商代纣王宠爱妲己，不管朝政，不理大臣进言，人人自危。有一次纣王的叔父比干冒犯了妲己，妲己怀恨在心，想要害死比干。于是她假装生病心痛，纣王知道后很着急，忙问她怎么治？妲己说别无他法，只有吃圣人的心才能治好，纣王听了忙问圣人到哪去找？妲己趁机说，比干就是圣人。纣王找比干说明事由，比干一听，大惊失色说："人没了心要死的呀！"他明白是妲己要害自己。纣王说："你是圣人，挖了心也不会死的。"比干认为在劫难逃，在回去的路上，遇一老人，老人给他一粒药丸，说挖心之后立即吃药丸，然后赶紧骑马进城，一路千万别与人说话，就会重新长出新的心来。比干照办了，挖了心给纣王，马上骑马走了，走到一地方比干见一女子在小溪边洗菜，那菜鲜绿色油亮亮的，十分漂亮，比干见之，下了马，忘了老人的嘱咐，就问那女子这是什么菜？女子说这是空心菜，比干顿时脸色煞白，一下子倒在地上，胸口流鲜血，再也起不来了。据后人说那洗菜的女人是妲己变的，故意来害比干的。后人为纪念比干，就叫此菜为空心菜。后又由于想到比干无心而死，就改叫翁菜，翁为老者，即比干，以后逐渐被念成"蓊菜"。

六、芹菜的老家

芹菜是中国南北普遍栽培的蔬菜，多以其叶柄的嫩者作蔬食。

芹菜有旱芹、水芹两种，植物学上属于伞形科两个不同的属，通常吃的是旱芹，属于芹属，为二年生草本植物。其叶柄直立，很长，叶片1～2回羽状全裂，裂片卵形或近圆形，又有小裂。开花时为复伞形花序，花小，白色，半圆形至椭圆形。

芹菜原产地为亚洲西南部、非洲北部和欧洲。在中国栽培的历史已有2000多年了。《吕氏春秋》曰："菜之美者，有云梦之芹。"云梦即今湖北省境内湖泊沼泽遍布的地方，那里生长芹菜已有2000多年历史了，因此有的学者认为，中国或许也是芹菜起源地之一。

据传，唐太宗听侍臣说魏征喜欢吃醋拌芹菜，就请魏征吃饭，吩咐厨师特做此菜，魏征见此，更是感激皇上之恩，传为佳话。

芹菜营养丰富，含蛋白质、脂肪、糖类、钙、磷、铁、胡萝卜素、维生素C、维生素B_1、维生素B_2、烟酸及香精油等，含钙高于一般蔬菜。钙有利于维持毛细血管通透性和体内酸碱平衡，抑制毒物的吸收。

芹菜的医疗作用古已知之，《神农本草经》云："止血养精，保血脉，益气，令人肥健嗜食"。现代医家认为芹菜有健胃、利尿、镇静、降血压的功效。芹菜还有减肥作用，因其含有一种物质，可加快脂肪分解。芹菜还可以用

芹菜

来醒酒，如人喝醉后头昏脑涨，用芹菜洗净绞汁，酒后服之可醒脑。此外，用芹菜根100克加枣仁10克水煎服，可治失眠。

应注意的是，有一种与野生水芹相似的野生毒芹，有芹菜气味，生于水边，有剧毒，不可入口。其叶为一回羽状复叶，小叶狭长，无匍匐根状茎，可与水芹分别。毒芹北方多，但比水芹少，在北京怀柔喇叭沟门及昌平八达岭西沟都曾发现过毒芹，就长在水边。

七、辣椒的知识

辣椒为特殊蔬菜，因为它有辣味，好像苦瓜有苦味一样，各有特色。辣味为五味之一。

辣椒原产于南美墨西哥一带，传入欧洲大约在16世纪，传入中国一般认为是17世纪，根据是清代康熙年间出版的《花镜》一书（成书于1688年）中有关于辣椒的记载："番椒，一名海风藤，俗名辣茄，本高一二尺，丛生白花，秋深结子，俨如秃笔头倒垂，初绿，后朱红，悬挂可观。其味最辣，人多采用。研极细，冬月取以代胡椒"。书中描述之物明显是辣椒，但是明代的《遵生八笺》一书上记载："番椒丛生，白花，果俨似秃笔头，味辣色红，甚可观"。上书成书于1591年，比《花镜》一书早近百年，可见辣椒传入中国的时间实际上还要更早，可能明代早期就已有了。

辣椒传入中国后，它很适应中国的环境，生长发展快。人们一面栽培，一面注意改良品种，因此今天中国的辣椒品种之多居世界首位。这些品种多集中在喜欢吃辣椒的地区，如湖南省，地方品种多达近40个，其中著名的如玻璃辣椒产于湖南醴陵，早就外销东南亚和美洲。还有嘉禾辣椒，产于嘉禾县，此县种辣椒已有几百年历史，又以该县的广发乡平峰村一带所产的最有特色，那些辣椒被种在石山坡上，植株矮，高仅30～40厘米，株干粗壮，枝叶紧凑，株形外观似一独脚的小圆桌子，每叶下吊着一个似羊角或鸡心的小辣椒，煞是好看，每株能结几十个或百多个辣椒，7～8天可采一次，上市早于别地10天以上。此种辣椒皮薄肉厚，含水少，3斤鲜的可晒出一斤干的（别地的5～6斤鲜的才出1斤干的）。奇怪的是别地引种这种辣椒，则其特点尽失。这说明，它只适应于那石山坡环境，是特殊环境造就出来的特殊品种。

四川也是吃辣著名的省，四川的成都皱椒是出名的品种，湖北石首尖椒、山西代县辣椒、河南的永椒……在北京，最有名的是柿子椒，又叫大辣椒、灯笼椒，个大，肉厚，甜而不辣，可鲜食，最受一般群众欢迎，还有人把它当水果吃。还有一种被称为朝天椒的，一枝丛生六七个，色为绿里透红，很好看，其辣味堪称第一。

辣椒之所以辣，是由于含辣椒素，有刺激性；但辣椒也含营养物质，如蛋白质、脂肪、胡萝卜素、维生素C、维生素P及钙、磷、铁，其中以维生素C含量最高，喜欢吃辣椒的人利用辣椒增进食欲，寒地的人吃之可以暖胃防寒。一般来说辣椒是温中散寒的药物，又是一种健胃剂，适量食之，可增强唾液、胃液的分泌，促进肠蠕动，助消化，但是要注意的是，不可过多吃辣椒，否则会使口腔、胃黏膜充血，于健康不利。另

辣椒

外，辣椒还会刺激鼻腔黏膜和眼结膜。患胃溃疡、痔疮、高血压等病的人以不吃或少吃辣椒为妙。

辣椒属于茄科辣椒属，为一年生草本，叶长圆卵形，花白色，有5裂片、浆果常俯垂，长指状，熟时多呈红色。味辣，辨认时，摘片叶子揉揉、闻闻，可闻到青辣椒气味。

民间关于辣椒有一个美丽的传说：在明代崇祯年间，有个叫平峰村的地方，那儿仅有十多户人家，老老实实以种田为生，生活艰苦。村中有个年轻

辣椒

人，名叫菩萨，长相不太好，但为人善良，他父母早逝，也无兄弟姐妹，一人独自生活，常上山打柴。有个少女，因觉得他品性好，心生爱慕，就到他家帮做家务，并希望他能娶她为妻，可菩萨认为自己条件太差，不肯答应，相持之下，姑娘只好走了。一天菩萨在乱山石中苦想怎样让村民都过上好日子，这时有人说："恩人，你怎么这样苦闷？"他一看是个美丽女子，有些面熟，但又想不起是谁。那少女说："你怎么忘了？我是你曾经救过的小锦鸡呀！为了报答你的恩情曾到过你家里！"菩萨这才想起以前的事，这时姑娘给菩萨一包种子，要他告知乡亲明年将种子种在这乱石山中，到时定有收获，全村可富起来，说罢姑娘一下子不见了。从此以后乱石山中的辣椒生长起来，并且越长越好，村民们渐渐过上了好日子。

八、茄子古今谈

茄子是极普通的蔬菜之一，历来在餐桌上都很常见。用茄子做菜有好多做法，北京最常见的做法是烧茄子。烧茄子要油多做出来才好吃，新鲜茄子吸油能力很强，用手捏一捏，就好像海绵一样。

茄子含的营养素多，含有维生素A、维生素B、维生素C和维生素P，又含脂肪、蛋白质、糖和矿物质。它的维生素P含量之多，为其他蔬菜所不及。维生素P对人体十分重要，它能增强人体细胞间的黏着力，防止微血管出血，对高血压、冠心病、动脉硬化症等有治疗作用。中医药认为茄子的果、根、茎、花均可入药，有散血瘀、消肿止痛、止血等功能。茄子的茎、根、叶煎汤洗患处，可治防冻疮、皲裂的毛病。

茄子属于茄科茄属。此属种类特别多，整个茄科有8属约3000种，而茄属有

2000多种，主要分布在世界热带亚热带地区。中国有近40种，多为野生种，常吃的茄子为栽培种。

茄子原产于亚洲热带，在中国的栽培历史很久，可上溯到秦汉以前。《山海经》和《水经注》书中均有关于茄子的记载，隋炀帝称呼茄为"昆仑紫瓜"，唐代许多书则称茄为落苏。

晋代的《南方草木状》一书中有记载：茄树，交广草木，经冬不衰，故蔬圃之中种茄。宿根有三五年者，渐长，枝干乃成大树，每夏秋盛熟，则梯树采之。"这说明在南方热带，气候炎热，茄株冬天不衰，继续生长几年，就成了树了，采茄子必须搭梯子才能采到。这在北方是不可想象的，北方茄株仅生一年，要年年种、年年收，株高不过50～100厘米。

当今茄子品种不少，最常见的为果实圆球形，外皮深紫色，有光泽的；另一种果实为长条形，外皮紫色，当然也有皮白色的，但以紫色的为多。

关于茄子有个笑话故事，说一个教书先生，在一人家教子弟，子弟家给先生吃饭的菜，一日三餐都是咸菜，而那子弟家园子里的茄子很多很好，却从不做菜来招待先生。日子久了，先生不高兴，但又不好发作，就在墙上作了一诗，诗曰："东家茄子满园栏，不给先生供一餐"。子弟家人见此诗，知先生不满意咸菜，而想吃茄子，于是就天天做茄子，将咸菜

茄子

撤了，久而久之，这先生吃茄子虽不错，但老不换也吃腻了，就又作一诗，诗曰："不料一茄茄到底，惹茄容易退茄难"。

吃过茄子、认识茄子果的人，却不一定认识茄株。茄株在北方最高不过一米，它的幼枝紫色，有星状绒毛，它的叶子长圆卵形，边缘有波状圆裂，叶质地厚，有星状绒毛，花紫色。

九、黄瓜之趣

在瓜类蔬菜中，黄瓜是最为大众化的菜，无论南方、北方都如此。南方由于气候温暖的关系，黄瓜更是家常便饭。

黄瓜原名胡瓜，原产于印度，是张骞出使西域时带回的，在中国已有2000多年栽培历史了，由于从西域来故称胡瓜。叫黄瓜是后来改的。据陈藏器曰："北人避石勒讳，改呼黄瓜，至今因之。"石勒是后赵王朝建立者，他是羯族人，对称羯族人为胡人很不高

黄瓜

兴，就定一法规，无论讲话为文不准用"胡"字。据说一次石勒召见地方官员并御赐午膳，当时石勒有意考问一个名叫樊坦的官员，指着席上一盘胡瓜问樊坦，此盘中为何物？樊坦知道是考问他，就恭敬回答道：紫案佳肴，银杯绿茶，金樽甘露，玉盘黄瓜。由于樊坦避说胡瓜，改称黄瓜，石勒听了，十分高兴。

黄瓜营养丰富，含有蛋白质、维生素A、维生素C、糖类及钙、磷、铁等矿物质，可以生吃、凉拌、炒食，也可腌制。南方农村有煮黄瓜的菜，即将黄瓜切成片，先在锅中将油烧开，即下黄瓜片，炒几下后，再加水煮，然后加盐，待黄瓜由绿色变成浅黄色时即可出锅，这种做法，吃时感到柔软可口有别于爽脆的口感，将之浇在饭上就饭吃，也能吃得津津有味。北方无此吃法。

黄瓜的食疗作用明显，其纤维素能促进肠道腐物的排泄，并能降低胆固醇，多吃黄瓜还有助于减肥，因其含有丙醇二酸，可抑制糖类转变成脂肪。黄瓜还有保护皮肤的作用。

黄瓜藤有治疗高血压的作用，也能降低胆固醇。

历史上也许黄瓜不如今天这么普遍，尤其北方在没有普及温室培育之前，冬天很难吃到黄瓜，黄瓜珍贵得连皇帝也不易吃到。相传明代时，一年冬天，皇帝忽然想吃黄瓜，派太监出去找黄瓜，天那么冷，哪里有黄瓜？太监十分

着急，却也不敢怠慢，只得一路东张西望，四处搜寻黄瓜的踪迹。当走到"天街"时，忽然看见有一人拿着两根鲜嫩嫩的黄瓜正在叫卖，太监高兴得不得了，连忙过去询问要多少钱？卖瓜的人说："50两银子一根。"太监一听觉得太贵了，正犹豫间，只听那人说："你不买的话我自己吃啦"。说着就将一根黄瓜塞到嘴里啃起来，几口就吃完了，太监一见急了，忙说要买另一根黄瓜，那人却说要100两银子，太监又要与他理论，那人说："你不买我又吃了"。太监忙止住他，买下了这根黄瓜。100两银子一根黄瓜，即便现在，价格之昂贵也真是令人咋舌！但这个故事也反映出当时冬季黄瓜的珍贵。而今的冬季要想吃到黄瓜太容易了，不论哪个菜摊都有黄瓜，这归功于温室培育技术。实际上中国古代已有温室种黄瓜之举。唐代诗人王建有诗云："酒幔高楼一百家，宫前杨柳寺前花。内园分得温汤水，二月中旬已进瓜。"可见当时人们是用温水使室温达到可种黄瓜的程度，设备虽然赶不上今天，但在当时来说已属不易。

黄瓜属葫芦科甜瓜属，为一年生草质藤本植物，有卷须，花单性，雌雄同株，花冠黄色，呈辐状，5裂，果圆柱状或狭长圆形。表面常有小刺，嫩时绿色，老时黄色。

十、冬瓜、丝瓜各有所长

瓜类蔬菜中冬瓜有很高的地位，其在广东餐席中尤为常见。广东的冬瓜盅极负盛名，做法是将冬瓜去瓤后，放入许多荤腥、海味菜，然后上锅蒸透即可上桌。此菜吃之鲜美可口，看着也十分新奇，放入冬瓜的菜多为火腿、鸡丁、香菇、干贝等。

还有一种不放肉的冬瓜汤，先用擦丝器将冬瓜制成冬瓜蓉，然后用鸡汤来煮，煮开几次后，即可食之。半透明的汤既好看又味道鲜美。

冬瓜营养丰富，含蛋白质、碳水化合物、粗纤维、钙、磷、铁、烟酸、胡萝卜素、维生素B_1、维生素B_2、维生素C等，不仅养身，而且有食疗作用。冬瓜性凉，有利水消肿、清热解毒的作用，可治暑热烦渴，治喘咳、泻痢，解酒毒。用冬瓜和粳米做成的冬瓜粥，有利尿消肿的作用。用冬瓜和薏米做汤，有清热解暑、治暑热烦闷的作用。用冬瓜捣烂绞汁当茶喝，可缓解糖尿病口渴的症状。冬瓜不含脂肪，是减肥的佳蔬。

冬瓜

冬瓜属葫芦科冬瓜属。一年生藤本，茎粗中空，有粗刺毛，有卷须，叶表面粗糙，有细刺毛。花黄色，瓜体大、长圆形。冬瓜原产于中国，由于瓜外皮有白粉，故俗名又称"白瓜"。

丝瓜属葫芦科丝瓜属。一年生藤本。叶广卵形，呈掌状浅裂，裂片三角形，先端锐尖，边有细锯齿，这一特点可与其他瓜叶相区别。花黄色，果圆柱状、无棱、有纵浅沟。

丝瓜原产于印度，印度栽培丝瓜历史悠久，据中国云南植物所研究人员调查发现，云南热带森林中有野生丝瓜，而缅甸和斯里兰卡的森林中也有野生丝瓜，这说明中国可能也是丝瓜原始产地之一。宋代诗人杜北山有咏丝瓜诗云："数日雨晴秋草长，丝瓜延上瓦墙生。"描述当时丝瓜生长的情景，颇有情趣。

丝瓜在瓜类菜中风味独特，炒食、做汤味道均爽口。特别是做汤，瓜体柔嫩，汤味宜人，很受欢迎。用丝瓜为原料之一做出的菜肴，名目繁多，如丝瓜烧母鸡、丝瓜烧豆腐、丝瓜炒肉片等，不胜枚举。

老丝瓜虽口感不再鲜嫩，但瓜络却有不少妙用，可用来洗碗、洗澡擦身，还有通经活络、清热解毒、利尿消肿、止血等食疗作用。

丝瓜的食疗作用突出，可治哮喘，方法是用几个嫩丝瓜，连蒂，切碎，水煎服；可治咳嗽，用老丝瓜络烧炭研末，加白糖和拌服之；可治疮疖及无名肿毒，用鲜丝瓜叶或嫩丝瓜捣烂外敷患处，1日2次；可治外伤如跌打刀伤出血，用丝瓜叶焙干研粉，敷患处；可治尿道炎，用丝瓜络一个，水煎加蜂蜜内服，1日2次；可治乳腺炎，用老丝瓜络烧存性，研末用红糖水和服，1日3次，每次应达9克。

丝瓜

用丝瓜水擦面，能滋润面部肌肤，使面部肌肤保持湿润，富有弹性。所谓丝瓜水是取自丝瓜下部约60厘米长的茎藤中的水。采到水后静置一夜，用纱布过滤，用时稍加甘油、硼酸、酒精，有消毒作用。

十一、苦瓜的"风格"

苦瓜是瓜菜类中特殊的一种，由于它味苦，许多人吃不习惯。苦瓜味苦是由于含有奎宁。苦瓜还可作为观赏植物栽培。其观赏价值在于：外皮上有不规则形状的瘤状体，较之其他瓜尤有特色。因此它得了个癞瓜之名，即皮似癞蛤蟆皮。又有锦荔枝之名，因为荔枝果的外皮也是疙疙瘩瘩的。

多数学者认为苦瓜原产于亚洲热带，如印度尼西亚一带，大约在明代由海路传入中国，最早在广东、福建一带栽培，后来传到长江以南各省，再后来传到了北方。广东人爱吃苦瓜，福建人也如此。《学圃杂蔬》一书云："……闽广人以（苦瓜）为至宝，去实，用其皮肉煮。肉味殊苦，广人亦为凉，多子，京师种摘而自供食。往在泉州遍地植之，名曰苦瓜……"这反映苦瓜在闽广地区深受欢迎，也许正是这独特的苦味让人喜食。广东客家人有一山歌唱道："人讲苦瓜苦，我说苦瓜甜，甘苦任你选，不苦哪来甜？"这山歌倒是富含哲理。

广东人吃苦瓜还有特殊做法，如岭南泡鳝糊这道菜必须加上苦瓜丝才更具风味。苦瓜炒辣椒苦辣皆备，能在夏天胃口大减时起到增进食欲的作用。

苦瓜营养丰富，含维生素C、维生素B$_2$、蛋白质、脂肪、钙、磷、铁等。

苦瓜的食疗作用显著，由于有苦味，夏天吃之可清解暑热、去烦渴。苦瓜也可治痢疾、腹泻，用生苦瓜一条，捣烂成泥状加白糖调匀，2小时后滤出水，一次服之，照此方连服3天。如治疗湿疹、痱子等，可用嫩苦瓜或其鲜叶，揉碎擦患处。夏天生了疮疖，可用鲜苦瓜或苦瓜根煮凉茶，冷却后饮用。但脾胃虚寒、体弱者不宜多吃苦瓜这种寒凉的食物。

苦瓜

苦瓜营养丰富、食疗作用广，这也许是苦瓜虽苦，却仍能得到广大群众青睐的原因。明末清初的名画家石涛就特别爱吃苦瓜。石涛被称为一代宗师，自号"苦瓜和尚"，每饭必有苦瓜，甚至将苦瓜供奉案头朝拜。石涛为何对苦瓜有这么深厚的感情呢？原来石涛生于明末，年幼时明亡，父亲被杀，他一路逃亡到广西全州，在湘山寺做了和尚。之后又流亡多省，晚年定居扬州，他将内心的沉痛寄于画中，在他大量的作品中都包含了淡淡的苦涩味，一种和苦瓜味道极近的韵致。

苦瓜属葫芦科苦瓜属，为藤本植物，它的果实与黄瓜明显不同，因为黄瓜瓜体外表无瘤状突起且有细刺。苦瓜的叶掌状深裂，裂片又浅裂，黄瓜的叶掌状浅裂，二者明显不同。

十二、西红柿传奇

西红柿这种大众化的蔬菜，有着鲜为人知的传奇。它的原生地在南美洲，这是20世纪中叶才被确定的事，西红柿生在南美西部沿岸高海拔的地带，也就是现今的秘鲁、厄瓜多尔和智利北部沿岸山岳地带，那里还可找到野生的西红柿。西红柿也在厄瓜多尔西部的加拉帕戈斯群岛被发现，后又传入中美洲，当地人已知人工培植它，并知道煮食其果实。

16世纪前期，西班牙殖民者征服了墨西哥，那时墨西哥已经有西红柿的种植，后来西班牙人将西红柿传到亚洲的菲律宾，自菲律宾又传至东南亚地区，最后到达亚洲广大地区。

西班牙人也将西红柿传到欧洲，有相当长时期欧洲人只将之作为观赏植物种植，而不敢吃它的果实。虽然西红柿果是红色的，大如桃，但人们对它的气味（尤其植株茎叶的气味）感到害怕，觉得不好闻，就认为其有毒，并称之为"狼桃"。这一看法在英国占主流，一直存在了200多年，美国也如此。直到19世纪中叶，美国人才开始食用西红柿，并认为要煮3小时，才可以消除其毒性。但很快人们又开始普遍食用和广泛栽种西红柿，被称为"西红柿狂潮"。

西红柿

西红柿能够作为食物得归功于一个法国画家。那是在18世纪末时，这位画家看到西红柿果子鲜红美丽，心想一定能吃，于是冒险吃了一个却又担心会被毒死，于是躺在床上静待不幸出现，可过了一天，他依旧安然无恙。于是他又吃了几个，都平安过关。然后他便宣扬西红柿可吃无毒，这才使吃的人一下子多起来。1811年出版的《德文植物学辞典》中也才有了西红柿可吃的记述。

西红柿是在明代传入中国的。《广群芳谱》一书记载："番柿，一名六月柿，茎似蒿，高四五尺，叶似艾，花似榴，一枝结五实或三四实，一树二三十实，堪作观，伞火大珠，未足喻，草本也，来自西番，故名。"书中所记的"番柿"可能就是西红柿。中国北方的人们看西红柿像柿子，又来自西方，故称之为"西红柿"。西红柿在中国成为餐桌上常见的蔬菜，其时间可能更晚，估计在20世纪前期。笔者记得抗日战争时期在桂林的菜市场上西红柿已较普遍，以后就更多了。

西红柿含营养丰富，每500克西红柿中含蛋白质8克、脂肪1.4克、糖类9克、钙35毫克、磷174毫克、铁2毫克，还有维生素C、维生素E、烟酸，以及苹果酸、柠檬酸、番茄红素等。

樱桃番茄

西红柿有食疗作用，它能保护血管，防高血压，防动脉硬化，保护肝脏。西红柿所含的番茄红素是一种高效抗氧化剂，当它经胃肠入血液后，能有效阻止自由基对组织细胞和基因的毒性损伤，能抑制心脏病的发作。多吃西红柿还可降低得前列腺癌的风险，对其他多种癌也有抑制作用。

西红柿可治牙龈出血、牙周炎、发热烦渴等。多吃西红柿可使皮肤柔嫩而有光泽，因此它又是一种美容食品。

西红柿花

西红柿又称番茄、洋柿子、番柿、洋海椒、金苹果等。它属于茄科西红柿属，与马铃薯、茄子有亲缘关系，但不同属，后二者属于茄属，前者属西红柿属。后二者的花中，雄蕊的花药顶孔开裂，而前者花药纵裂，明显不同。

果品纷呈

果品纷呈

　　植物界中，与人类关系密切的，还有水果和坚果，它们真是琳琅满目、五花八门，离不开人们的视线，今择要介绍一些。

一、苹果的优势

　　苹果以味甜而脆赢得人心，又以营养丰富而声誉出众。

　　苹果含糖、苹果酸、酒石酸、枸橼酸等有机酸，又含芳香醇、果胶等物，含维生素B、维生素C、胡萝卜素及钾、铁、锌、镁等矿物质，还有纤维素、硫胺素等。它含的钾、镁盐对心血管有保护作用，酸类物质有助于消化，果胶和纤维素有吸收细菌、吸收毒素的作用，能止腹泻。摄入食盐过量时，可排去多余的盐，这对高血压患者有好处。

由于苹果有上述优势，因此在中国苹果产区流行着一句话："饭后吃苹果，老头赛小伙"。无独有偶，在欧美国家，也有一句谚语："日食一苹果，医生远离我"。漂亮的苹果还在中国人民中赢得了"苹果赛西施"的赞誉。

关于苹果的故乡，有一种说法是在高加索南部和小亚细亚，后传入欧洲，再到别的地方，人类食用、栽培苹果已有几千年历史了。另一种说法是苹果的故乡在中国，中国栽培苹果历史也十分悠久，考古工作者在湖北江陵的战国古墓中发现有干巴巴的苹果种子。中国古代称苹果为"柰"。汉武帝时代（公元前1世纪）的上林苑就栽了"柰"。唐代的《千金·食治》中记载苹果有益气之功。《饮膳正要》记载苹果有生津止渴的功效。《滇南本草》记载苹果能"治脾虚火盛"。晋代的《广志》中记述："柰……，家家收切，曝干为脯，数十百斛，以为蓄积，如藏枣栗。"可见那时栽种苹果已相当普遍。人们认为中国苹果的原始故乡可能在新疆及甘肃河西走廊一带。今天在新疆还能找到野苹果产地，不过所产苹果多为绵质不脆的，甜味夹酸味，品质也不理想，因此现今市场出售的苹果，多为人工长时培育出的好品种（品种多得不可胜数），红富士便是突出之例。

中国栽培苹果著名地多在北方地区，历史上也如此。南方吃的苹果多是从北方运去的，后来科学工作者想办法试图将苹果种到南方（长江以南地区），由于南方冬天比北方暖和，苹果多长叶枝，却不开花结果。科学工作者用剪枝的方法使苹果开花，但

苹果

开花时节降水量大，容易使果实在尚小时掉落。于是人工修排水系统，将苹果栽在干燥坡地，使地面积不了雨水；在施肥方面多用磷肥、钾肥，促其结果长

果，不施氮肥，让枝叶慢长；又选择适应南方土壤的品种。经几年努力，终于使苹果在南方结果、成熟并丰收。

二、梨为百果之宗

中国为梨的故乡，有3000多年的梨栽培历史。梨在中国受到群众广泛的欢迎，被称为百果之宗。为什么叫梨？震亨曰："梨者利也，其性下行流利也。"此外还有"快果"、"玉乳"等名。《诗经·秦风》有"隰有树檖"之句，陆玑注曰："檖，一名赤罗，一名山梨"。可见"檖"即梨，可知3000多年前，中国已栽培梨。《西京杂记》中记载上林苑中有梨达十种，皆为当时优良品种。《广志》

梨

记载了更多中国古代好的梨品种，特别是名叫钜鹿豪梨的品种，果实可重达3千克，数人分食之。这比今天的雪花梨大得多，可惜已失传了。

今天，梨的品种远比古代多。北京常见的鸭梨（或称雅梨）熟时皮淡黄色，吃时香甜可口，果肉嫩且脆，入口嚼时甜汁溅齿，且有沙沙声音。山东莱阳梨虽外观较粗糙，然里面的果肉极其软嫩，甜汁多，几乎入口可化，令人顿生美感。这种梨只有山东莱阳的局部地方产，那里的土壤多为黄砂土层，适宜梨生长。莱阳梨在清代即为贡品，日本人曾于20世纪20年代引种莱阳梨于该国，初也为天皇御品，但因气候、土质关系，种出的莱阳梨品质始终不及中国。新疆产的库尔勒香梨个头不大，却特别甜。

梨的营养价值高，含丰富的果糖、葡萄糖和苹果酸等，同时含蛋白质、脂肪、钙、磷、铁及胡萝卜素、核黄素、抗坏血酸等多种维生素。古人吃梨的感受可从诗上知之，如曾巩作《食梨》诗，有名句云："初尝蜜经齿，久嚼泉垂口"。前句说梨肉甜，后句形容梨汁如泉。梨不仅能带给人们美味的享受，同时它还有醒酒的作用。如宋代的徐铉有诗句赞曰："昨宵宴罢醉如泥，惟忆张公大谷梨……冷浸肺腑醒偏早，香惹衣襟歇倍迟。今日中山方酒渴，惟应此物最相宜。"

梨

一般吃梨多是削了皮生吃，但也有些地方有吃熟梨的风俗，即将梨煮熟了吃。中国兰州就有这样的吃法，把煮熟了的梨食称为热冬果。严冬季节，街头叫卖热冬果的声音此起彼伏，有点像北京冬季卖烤白薯一样，不失为一道独特的风景。吃热冬果要连汤带果下肚，可使人寒气顿失。热冬果所用的梨是当地也是全国知名的兰州冬果梨，其他梨也可照此煮食之。从养生角度看，梨为寒性之品，熟吃可减弱其寒性，对人健康更有利。

梨的药用价值主要体现在润肺、消痰、止咳、降火方面。在《本草纲目》中李时珍记述了这样一个故事：有一人生了热病，被当时的名医杨吉老判了死刑，杨吉老认为此人至多活三年。病人听说茅山一道士医术高，就去求医，道士诊脉后说：你下山，每日吃梨一个，如无生梨，则吃干梨泡汤，病自会好。那人照办，一年后再见杨吉老时，杨吉老惊呼其必遇异人，否则不会好的。古本草书谓梨："生者清六腑之热，熟者滋五腑之阴。"可见吃煮梨之功效，古人已知之。

据说用冰糖炖梨，喝其水食其渣，对嗓子有养护的功能，因此歌唱家、播音员及电视节目主持人等都以此护嗓！

有些地方出的梨还有传奇故事，如长江三峡之一巫峡的香梨。相传巫峡培石镇有个小山村叫香树坪，村里有个姓黎的老汉，他家有一株粗大的香树，年年开花却不结果实。一天夜里他做了个梦，梦见一个姑娘从他门前走过，边走边说："要得富足，多栽香树"。就在这年，他那株香树意外地结了一个果子，很大很香，黎老汉高兴极了，认为这个果实的种子可带来财富。一天夜里他睡觉时听见外面有说话声，他怕那个果子被偷走，就起床开门去看，树上果子真的不见了，再看地上，满地都是香树苗。黎老汉送了好多香树苗给附近穷苦的村民，让他们赶快栽这树苗。同时自己也栽了好多。这些香树苗长大后都结满果实，又香又甜，那些穷苦的村民摘了果子来谢黎老汉，并将果子运到外地去卖，换了许多日用品回来，生活条件渐渐好了起来。人们为了纪念黎老汉的功劳和善心，就将这香树结的果实称为"香树黎"，久而久之将"黎"字叫成"梨"，成了"香树梨"，后又干脆叫它"香梨"。

有人说能区分苹果和梨，但对二者的叶和花分不清。实际苹果的叶边缘有圆锯齿，齿不尖，不带芒；而梨（以白梨为例）的叶边缘有尖锐锯齿，齿尖有芒。区别极为明显。苹果的花，花心可见5根花柱，中上部是离生的，到基部就合生了，且有密生的白色绒毛；而梨的花心，可见花柱4～5根，上下全是分离的，且无白色绒毛。又苹果花在花蕾时呈粉红色，梨花则是白色的。

三、桃实美

桃是中国原产植物，有3000多年的栽培历史，早在《诗经》中就有"桃之夭夭，灼灼其华"的描写，说明桃花之美。晋代陶渊明写的《桃花源记》、唐代文人崔护的"人面桃花"等，都历来为人们所称颂。

桃属于蔷薇科李属（广义），是一种典型的核果。桃的成熟期各地不一，早的如江西，在四月即熟。北京的桃五月鲜，上市时，红艳艳，一堆堆，又肥又香，为一景。最晚的在山西，九月仍有桃。

在众多著名品种中，山东肥城的"佛桃"最为人乐道。这种桃果实硕大，品质极好，一个重500克以上，桃肉柔软多汁，咬一口，桃汁立即顺嘴流出，满口香甜。熟透了的桃，可用吸管捅入，像瓶装果汁一样吸饮，痛快至极，且远比果汁味道好。

人们谈桃的味道，赞美蜜桃如吃蜜之美。清代王韬著《瀛壖杂志》记："桃，实为吴乡佳果，其名目不

桃

一，而尤以沪中水蜜桃为天下冠。相传顾氏露香园遗种……实不甚大，皮薄浆甘，入口即化，无一点酸味……"这说明上海产的水蜜桃不在个头大，而在味道好。此外，浙江奉化的水蜜桃也是上品。

桃还有一种冬天才成熟的品种，号称"腊月桃"。此桃春天开花，要到农历十二月才成熟。

河北衡水地区的深州盛产的蜜桃名叫"深州蜜桃"，其栽培历史有2000多年。由于当地土壤为砂质性的，适于蜜桃生长，其桃个子大、汁多、味甜，全国闻名。传说西汉末年，王莽篡位，要捉拿汉室后代刘秀，刘秀得知，便带随从若干人逃离京城。一行人路经深州（深县古称深州）时已近黄昏，人都很疲倦，肚子又饿，此时一农人挑了一担蜜桃路过，刘秀忙问农人这是什么地方？有没有饭吃？农人说这里是河北深州，没什么吃的，你们吃我这鲜桃吧！刘秀也未推让，就和部下将农人的鲜桃吃个精光，并从身上摘下一块玉牌交给农人说："此牌作抵桃价，日后你持此牌找我，一定报答你救命之恩。"农人要留刘秀过夜，刘秀坚决要走，农人就用船送他们过了滹沱河。不久追兵来了，可刘秀早已走远了。后来刘秀当了皇帝，就封那农人为专管深州蜜桃的官，并封深州蜜桃为"桃王"。

蟠桃是一种形状特别的桃，呈扁圆形，也令人称奇，江苏、浙江产的蟠桃果甘香、美味可口。

桃营养丰富，含蛋白质、碳水化合物、维生素B、维生素C和矿物质钙、磷、铁、镁、钾、钠等。人们认为吃桃易饱（桃饱人）可能与它的营养成分多但又不伤人有关，但也应注意吃桃不要过量，以免腹胀，反不利于健康。

桃也有药用价值，主要用桃仁。《本草纲目》云："桃仁，苦重于甘……苦以泄滞血，甘以生新血。故破凝血者用之。"桃仁含苦杏仁苷、脂肪油、挥发油、苦杏仁酶、维生素B_1等，可治血滞经闭、跌打外伤瘀肿。桃花入药，可治黄疸型传染性肝炎，还有下泻、利尿、消积、祛瘀和镇咳的作用，其下泻作用近似大黄。李时珍在《本草纲目》中引了一个桃花治病的故事：有一女子，因夫故去，得了发狂病，家人将之锁入房中，夜晚她打破窗子逃到屋外，爬上一株桃树，吃了树上好多桃花，天亮时，家人见之将她接下来，发现她病好了。医家认为是桃花治好了她的病。

桃叶也是药，有很好的发汗和杀虫之功效。

四、葡萄——水果中的明珠

葡萄被誉为水果中的明珠，它有许多优点。果为典型浆果，多汁味甜，有的品种有悦人的香气，营养丰富，特别是用它酿造的葡萄酒深受广大群众的欢迎。

葡萄栽培历史极悠久，考古资料证明，它的发源地在地中海地区，7000年前中亚地区已有葡萄栽培。6000年前埃及和古希腊一带已有葡萄酒，且为常见的饮料。

中国的葡萄来源，众多说法认为是汉代张骞从西域大宛带回长安种植，后又从长安传至内地广大地区的。汉代的大宛在今伊朗一带，可见中国栽种葡萄的历史有2000多年了。

曹丕在《魏文帝诏》中所赞之言："中国珍果甚多，且复为说葡萄。当其末夏涉秋，尚有余暑，酒醉宿醒，掩露而食，甘而不饴，脆而不酸，冷而不寒，味长汁多，除烦解渴。又酿以为酒，甘于曲蘖，善醉而易醒，道之固已流涎咽唾，况亲食之耶！"这一段描述，将葡萄的特色表达得淋漓尽致。

葡萄

葡萄种植伊始，还是在士大夫贵族的庭园或在寺院，如《洛阳伽蓝记》记载白马寺内"浮屠前，奈林蒲萄异于余处，枝叶繁衍，子实甚大，奈林实重七斤，蒲萄实伟于枣，味并殊美，冠于中京……"这反映出当时寺院种葡萄的情况，而且当时种的葡萄果实硕大，已出优良品种，十分珍贵。葡萄真正在民间推广应是在唐代。唐太宗以后，内臣方知用葡萄酿酒，此酒一出，很快为人称颂，为名酒之一，这从那时歌颂葡萄酒的诗中可知。最有名的是唐代王翰的《凉州词》："葡萄美酒夜光杯，欲饮琵琶马上催。"唐刘禹锡有诗云："美香焚温麝，名果赐干蒲。"

今天虽然葡萄已遍全国，但还是以新疆的葡萄为上乘。新疆的葡萄品种多，其中又以吐鲁番的无核葡萄为上。据当地民间传说，2000多年前，吐鲁番有个国王，从贡品中尝到了一种葡萄，极为赞赏，就派使臣去阿拉伯引进来种植，这便是今天的无核葡萄，它形圆似珍珠，绿色如翡翠，晶莹透亮，串串闪光，味甜似蜜，又加之它无果核，果皮较厚，多糖，不仅鲜食味道甜美，又最适合用来制葡萄干。吐鲁番气候炎热，也正是制葡萄干的有利因素。葡萄干的制法是：用土砖造土屋，屋壁有无数小孔，屋内架树枝，挂上鲜葡萄串，在墙烤风吹之下，鲜葡萄串就逐渐变成一串串的葡萄干，而且保持了原色，既好看又好吃。这种葡萄干闻名世界。

葡萄含糖多达10%～25%，甚至达30%，且为葡萄糖，易为人体吸收。对于消化力不强的人，葡萄是理想果品。葡萄还富含钾、钙、磷、铁，以及维生素C、维生素A、维生素B_1、维生素B_2、维生素B_5、维生素P等多种维生素，还含十

多种人体所需的氨基酸，对神经衰弱和过度
疲劳的人有益。葡萄酒有保健功效，即能舒
筋活血，开胃健脾，有助消化的功能，故适
量饮点葡萄酒对人体有益。

维吾尔族姑娘肉孜古丽在收获葡萄

葡萄属于葡萄科葡萄属。除了常栽培的
葡萄品种以外，中国还有几种野生的葡萄，
其中以山葡萄最有名，其叶和果实形似葡萄，果实熟时蓝黑色，略小，直径约1
厘米，果熟期8～9月。野生分布于东北、华北和山东。果可食，也可酿酒。

五、柑橘这一家

芸香科中有个柑橘属，其中最著名的是橘和甜橙这两个种，但是品种极
多，且橘和柑叫法混乱，有些品种是橘子，却也叫柑，或柑被叫成橘。而甜橙
又叫橙，通常说的广柑应属于橙而非柑橘之柑。那么柑橘与甜橙怎么区分呢？
有一个最简单的方法是从果实上分，柑橘（不论叫橘或叫柑）的果皮与瓢容易
分开，如我们剥橘子吃时，皮好剥，剥芦柑时也如此，因此芦柑应是一种橘子
而非橙，也不能与广柑混为一谈。甜橙的果皮和果瓢不好分开，吃甜橙时要用
刀切开，广柑也如此。另外从果形上看，柑橘果多扁圆形，甜橙的果多为圆球
形，区别明显。

蜜橘大显风骚

在众多的橘品种中，广东潮州产的
蜜橘好，个大味甜。江西南丰产的蜜橘
个小，但皮薄味甜无核，品质极佳。清
代时南丰蜜橘曾作为贡品，故又名"南
丰贡橘"。若论上市时间，则浙江黄岩
蜜橘领先，且产量多，品质好，在上海

椪柑

市场上很占优势，每年10月下旬即可上市，销路好。

在浙江黄岩还流传有关于黄岩蜜橘的民间故事：很久以前，黄岩有一只金孔雀被鹰啄伤，掉落在黄岩城北的翠屏山上，正好被一上山砍柴的老人遇见，老人将它救了回来，为之敷药、喂食。不久金孔雀好了，为了报答老人救命之恩，就飞去很远的地方，衔来一粒种子，埋在农人屋门前，并用自己的几根羽毛盖在种子上。过了不久，种子发芽长出一株树苗，农人见之，就小心培育，终于使它长成一株树。此树开白花，不久又结了许多小果实，果熟时，黄澄澄的，农人一尝非常好吃，就送了好多给乡亲们，有病的人吃了顿感神清气爽。由于果子多汁又甜如蜜，当地人就叫它"黄岩蜜橘"。南朝人刘峻（462～521）在《送橘启》中称赞这种橘子："南中橙甘，青鸟所食。始霜之旦，采之风味照座，劈之香雾噀人。皮薄而味珍，脉不粘肤，食不留滓。"

甜橙皮不好剥

甜橙，只从名字上即知此果味。有人说在柑橘当中，甜橙之好无出其右者，虽然有些夸张，但吃过甜橙的人都认为它甜。广东新会甜橙是最有名的，此果色橙黄，果不大，每个不过150～200克，果汁不只甜蜜，还有股浓香味，含大量维生素C。

柑橘

橘子是药物

橘子的果肉、果皮、果核，以及橘络和橘叶都可入药，在《神农本草经》《本草纲目》中均有记载，橘子的皮干后就叫陈皮（入药以陈旧的好，故名陈皮）。中医认为橘皮有健胃、祛痰、镇咳、祛风和止胃疼的功效。橘皮还可治高血压、消化不良等症。橘瓣外面的白色筋络含维生素P，可防治高血压，此外它还有化痰通经的功效。

蕉柑

传说橘子治病的事也有，据《神仙传》记述：西汉文帝时，桂阳人苏仙公精医术又修道成仙，升天前对其母说："明年有疾疫，庭中井水一升，檐下橘叶一片，可疗一人"。次年，果有瘟疫，其母照他说的治人，无一不效。后来中药店挂牌云"橘井泉香"即来源于此。

历史悠久

中国是柑橘原产地，栽培历史有几千年。《尚书·禹贡》记述："……厥包橘柚锡贡。"说明3世纪前，柑橘已是上贡之物。《吕氏春秋》说："果之美者，汇浦之橘，云梦之柏。"爱国诗人屈原作《橘颂》之时，中国栽培柑橘已相当广泛。《史记》中记有"江陵千树橘"。种植柑橘的历史反映出中国果树栽培文化的悠久。

六、樱桃轶事多

樱桃虽名中有桃字却不是桃，但它与蔷薇科李属的桃有亲缘关系，因为樱桃也是李属的，但不同种。二者的区别从果实上看得出。桃实有沟非圆球形，且大得多，樱桃实小无沟而圆，且鲜红发亮；桃花几无花梗，樱桃花梗细长，花比桃花小些。

樱桃春天开花，但果实成熟得早，大约4月中即可采摘上市，这时别的水果还远未成熟，因此有"樱桃百果先"的说法。樱桃鲜红有光泽，果不大而如珍珠宝石，特别美观，有人认为与其吃樱桃不如赏樱桃，它的观赏价值远高于食用价值，此话有一定

樱桃

的道理。法国有首《樱桃时节》的歌曲："待到樱桃红艳时，夜莺、画眉竞啭啼……"说明莺类鸟喜（食）樱桃，而中国古时称樱桃为"莺桃"，即因黄莺食樱的缘故。后人慢慢地叫莺桃为樱桃。樱桃红而小巧，古人以此称美女的嘴为樱桃小口，还真贴切。古人喜爱樱桃还有故事，据《东观汉记》记载，汉明帝于一初夏的月夜在照园设宴群臣，适逢某官献新成熟的樱桃，明帝就命赐群臣品尝。侍者用赤瑛盘子盛樱桃端上，在月光下看去，盘子的颜色与樱桃相近，群臣见之皆大笑，以为是个空盘子，说明樱桃的颜色像赤瑛盘子一样艳丽，使所有的人皆看走了眼。

唐代诗人白居易写《樱桃诗》，称赞樱桃"……驱禽养得熟，和叶摘来新。圆转盘倾玉，鲜明笼透银……如珠未穿孔，似火不烧人，琼液酸甜足，金丸大小匀……甘为舌上露，暖作腹中春"。同时，白居易深知樱桃不仅栽种难，而且在开花结实时要保护好，否则无收成，对此作诗云："鸟偷飞处衔将火，人争摘时蹋破珠。可惜风吹兼雨打，明朝后日即应无"。

关于樱桃有不少有趣的故事。《夷坚志》记载，南京人吕彦章到镇江赴任知府时，他的一个亲戚来访说及一怪事：农历四月初一晚上，开窗透气时看到永日亭边栽有樱桃树，樱桃果已熟，他正张望时，樱桃树上掉下两个白色的东西，他以为是怪物，就喊人去追，追到西南不远处，怪物不见了。这事今天分析一下可知，那白色的东西不是怪物，应是化了装的偷樱桃吃的人，当他们发现有人注视他们时，就赶快下树溜走了。德国曾经有个国王非常喜欢吃樱桃，

他的樱桃园里樱桃结实多，可是总遭到麻雀啄食，于是他下令打麻雀，打到便有赏，结果麻雀少了，樱桃遭虫吃，国王无奈只得又下令禁止打麻雀。

樱桃含铁质比其他水果多，还富含维生素A、维生素B、维生素C和钙、磷等营养物质。樱桃果可鲜食，也可制罐头，还可加工制成樱桃酱、樱桃果汁、樱桃酒等。在餐厅用餐时，有时会看见，绿色菜肴中点缀几颗鲜红的樱桃，使菜色美观，增进食欲。

樱桃也有医疗作用，将樱桃250克放入白酒中浸泡，食之可治肝肾虚弱、腰膝酸痛、关节风湿等。《备急千金要方》提到："樱桃味甘、平、涩，调中益气……令人好颜色。"《滇南本草》中也提及樱桃滋润皮肤。樱桃不仅有美容作用，樱桃汁还可治烧伤、烫伤，把樱桃汁涂于患处可止痛，防起泡。

樱桃虽好，但也不宜多吃，因它是性大热而发湿之物，凡有热病及喘嗽者不宜吃。正如古人有诗云："爽口物多终作疾"。

樱桃

七、荔枝的魅力

荔枝是水果中很有特色的一种。宋代苏东坡有诗云："日啖荔枝三百颗，不辞长作岭南人。"可见苏东坡对荔枝的喜好。清代有个吴应逵，自称为荔枝的第一知己，他声称一天可以吃1000～2000颗荔枝。这虽可能有点夸张，但至少他吃荔枝之多，不同于凡人，其喜食的程度也不言而喻。唐明皇宠爱的杨贵妃喜食新鲜荔枝，但长安不产荔枝，荔枝产地在广东和四川，因此唐明皇下旨以骑马传递的方式，把荔枝从产地火速运到长安。担负此任务的骑士，由于长途跋涉，出事丧命者不知凡几，有诗曰："一骑红尘妃子笑，无人知是荔枝来"。荔枝品种中有名"妃子笑"者，即源于此。

荔枝原产于中国，栽培历史达2000多年，其产地在福建、广东、广西沿海地区。国外从中国引去，但种植效果差，印度、马来半岛、古巴、巴西、美国都有荔枝种植，品质皆不如中国。

荔枝味道之美，盖过众多其他水果，被赞之为"果王"。它可吃的部分并非果肉，而是种子上生出的假种皮。

"挂绿"是荔枝最佳品种之一，产于广东的增城，是极品，清代时为贡品，今仅余母树一株，有千年树龄。它的果实大，浆汁又甜又多，食时香溅唇齿，人称其风味绝伦。但此树年产仅几十千克，民国时期这种荔枝每颗售价"壹元"（银圆）。还有一种叫"糯米条"的品种，产于广东增城和番禺，大约小暑前后成熟，色红艳，核极小，果味香甜，也是荔枝中上品。现代品种中"妃子笑"品质不错，又称"笑荔"，产于广东、海南、番禺、增城。其色深红，大如鸡卵，肉厚皮薄，多汁，很甜，是诸品种中最好的，价亦贵些。广西桂平的"丁香"，有特浓香气，核极

荔枝

小如米粒。此品种被赞为"一家吃荔三家香"，是上上品种。总的说来，荔枝的优良品种多达50多种。

荔枝

荔枝的弱点是不好贮藏，容易变质，采下果子六、七天后即无法食用。白居易《荔枝图序》中说："若离木枝，一日而色变，二日而香变，三日而味变。"把荔枝易变坏的情形形容得恰到好处。

荔枝除为食用水果以外，还可入药，有谓鲜荔枝有四功：一为止渴；二为益气；三为通神；四为益智。《玉楸药解》中云："最益脾肝精血，阳败血寒，最宜此味，功用与龙眼同，但血热宜龙眼，血寒宜荔枝。"荔枝对人有美容的功效。

荔枝虽好吃，但也不能食之过度，《食疗本草》云："多食（荔枝）则发热疮。"李时珍在《本草纲目》中云："鲜者食多，即龈肿口痛，或衄血……"杨贵妃吃荔枝太多，以致她的牙齿受损。正如有诗云："熏风殿角日初长，南贡新来荔子香，西邸阿环方病齿，金笼分赐雪衣娘。"就是为贵妃食荔损牙的事而作。

还有所谓"荔枝病"，即由于食荔枝过度而昏倒的病症。荔枝含一种α-次甲基丙环基甘氨酸的物质，能使人血糖下降，造成中毒性血糖降低。

荔枝属于无患子科荔枝属，常绿乔木，羽状复叶，花小、绿白色或淡黄色，核果球形，直径可达3.5厘米，果皮有小瘤状突起，种子外包肉质白色的假种皮（由胚珠珠柄产生的）。

荔枝著名品种中，还有"宋家香"。宋家香仅一株古树，产于福建莆田，此树已有一千多岁了。其果肉又甜又嫩，还特有一股香气。传说唐僖宗乾符三年（876年），黄巢起义军路过莆田时，只见城内家家闭户、不见人影，义军找不到木柴烧火做饭，黄巢看到一石山下有株大树，就带兵去要砍树当柴烧。这时一

荔枝

老太太从树后急忙跑出，放声大哭求黄巢别砍此树，说这是已有300多年的古荔枝树，她一家全靠此树为生，砍了，就没活路了。黄巢知此就没有将此树砍掉。

到了北宋年代，老太太的后代因要还债，将古荔枝树卖给宋家，买主姓宋名诚，对此古荔枝树妥加保护，才使古树得以存活下来。名家蔡襄在《荔枝谱》中称此荔为"宋家香"。今天此树仍在，是全国重点保护文物之一。

八、龙眼的故事

说到荔枝时，必然会想起龙眼，因为二者都是热带著名水果，但它们的特点各有千秋。

龙眼属于无患子科龙眼属，又称桂圆。为常绿乔木，和荔枝一样，也是偶数羽状复叶，但小叶较多（2～6对，荔枝小叶2～4对），圆锥花序，花小，黄白色，果圆球形，核果状，较荔枝果小，直径1.2～2.5厘米（荔枝果直径2～3.5厘米），外皮熟时黄褐色，粗糙，但无荔枝果那种瘤状体。假种皮白色肉质，但不如荔枝的厚，味甜，种子黑褐色，有光亮。龙眼分布在广东、广西、福建、四川、台湾等地。

龙眼

龙眼果可鲜食，风味与荔枝类似。《南方草木状》中载魏文帝召群臣曰：

"南方之珍者，有龙眼、荔枝，出九真、交趾。"由于龙眼的假种皮（俗称果肉）比荔枝的薄些，因此吃时常使人感到有点不够尽兴。如果是晒干了的，则假种皮更薄，有如包在种子外的一层皮，要啃好久才啃下那层皮来，让人有点急，但龙眼的肉甜不亚于荔枝。宋代诗人苏东坡把龙眼和荔枝作了对比，他说：闽越人高荔枝，而下龙眼，吾为平之荔枝，如食螭蚱大蟹，斫雪流膏，一啖可饱。龙眼如食彭越石蟹，嚼啮久之，了无所得。然酒阑口爽、厌饱之余，则咂啄滋味，石蟹有时胜螭蚱也。可见苏东坡重荔枝，但对龙眼也不轻视，二者兼爱。

龙眼营养丰富，含糖、蛋白质、磷、钙、铁及维生素C、维生素B等。古来即被视为有补养身体的作用，且有医疗作用。《神农本草经》云："龙眼一名益智。"就是说食龙眼能益人智。龙眼还可治劳伤心脾，治健忘症。患贫血、神经衰弱、心悸、盗汗者，用龙眼数粒加莲子芡实若干炖汤，于睡前服之可治。

龙眼之名是以其果实象形而来的。又名"亚荔枝"，以其味次于荔枝之故，又名"荔枝奴"。《岭表录异》云："荔枝方过，龙眼即熟，南人谓之荔枝奴，以其常随后也。"

龙眼别名"桂圆"，有一说法是由于广西产龙眼最多之故，因广西简称桂，故曰桂圆。中国文学家王鲁彦有部短篇小说名叫《兴化大炮》，里面讲到了有关龙眼又称桂圆的故事。大意是：古代福建兴化府的兴化谷中，一年春天忽长出一株奇树，结了不少果子。当地有个叫云恩公的人，以砍柴为生。一日，他发现了这棵树，砍了好多枝下来，回去晒在屋前的空地上。他

龙眼

的小孩见枝上有果子就摘了吃，感觉味甜好吃，云恩公担心有毒不可吃，可是他家人吃了都说好吃，云恩公就去兴化谷中将那株他砍过的残树挖回种在自家地里，并精心培养。五年后那株树又开花结实了，他将果实送到市场去卖，一下子全卖光了，挣了不少钱。若干年后，他的后代中一个叫桂元的将此种果子晒干，用船运到浙江宁波去卖，那里的人对此果好奇，不到三天也全卖光了，见此情形，桂元就年年到宁波去卖这种果子，因此当地人都熟悉他了，以致每年一到春天，宁波人就叫："桂元要来了！桂元要来了！"久之就把龙眼叫成了"桂元"，再后来"桂元"成了"桂圆"。

九、杧果之趣

杧果又称芒果，滋味奇特，其果肉像桃又像菠萝。杧果原产于印度，据说从前欧洲某国有个国王派了一位特使去印度进行友好交往，印度国王以当地最好品质的杧果招待这位特使，特使吃了杧果，觉得非常味美，加上杧果核上有无数须须，吃果肉又品味须须，别具风味，当他回到原来国家时，国王问他有

杧果

什么新鲜事，他说印度的杧果好吃，可是说不具体，情急之下，就叫人拿来一瓶蜂蜜，将蜂蜜倒在自己的长胡子上，对国王说："陛下，那杧果的味道您只要用嘴咬咬我这胡子，就体会到了。"这事一时成为笑话。

杧果受佛教推崇，被视为圣树，印度栽杧果早，公元前20至10世纪的吠陀时代就已广为栽植。杧果约在公元632～642年间传入中国，是唐代高僧玄奘去印度取经回国时带回。《大唐西域

杧果

记》中记述："庵罗果，见珍于世。"庵罗果即指杧果，可知杧果在中国安家落户已有1000多年。

杧果属于漆树科杧果属。为常绿高大乔木，高可达20多米。单叶，多聚生枝顶，叶片革质，大的叶长达40厘米、宽达6厘米；花小，圆锥花序，黄色或带红色；核果椭圆形或肾形，稍扁，长可达10厘米，熟时黄色或带橙红色，内果皮坚硬，其上生有许多粗纤维，吃杧果时感到果肉中有须须，即是这粗纤维。

杧果为热带著名果树之一，中国广东、广西、云南、福建和台湾多栽培。杧果有香气，营养丰富，含糖多达11%～13%，含蛋白质0.5%～0.7%，含胡萝卜素比其他水果都多，含多种维生素。可生吃，可盐渍，可加工成蜜饯、果干或罐头。

杧果可入药，治咳嗽气喘，鲜果一个（去核），吃果皮果肉，每天三次；又治食积不化，吃一个鲜果的果皮果肉，早晚各一次；还治皮炎湿疹，可用果皮150克水煎后洗患处。口嚼杧果适量，可以预防晕船呕吐。

杧果多吃不利于健康，尤其肾脏功能不好者勿吃。一般人吃多了可能造成腹泻。

原产地印度的古梵语中的"阿拉"即是杧果，有"爱情之果"的意思。杧果花盛开时节，当地男女青年会在树下幽会，故有"一粒杧果一颗心，杧果树

下定终身"的说法。

十、枣又甜又补

枣这种果子几乎家喻户晓，因为它作为果品深得群众的欢迎。它是一种优质补品，其维生素C的含量，在各类果品中是第一位的，是鲜荔枝的26倍、苹果的82倍，又富含糖、钙、磷、核黄素、烟酸，因此枣不仅特别甜，又最有补养的功能。

枣也是药，《明医别录》中指出枣可"补中益气，坚志强力"，这是由于枣还含丰富的维生素P和胡萝卜素，前者能健全人体的毛细血管，对防治高血压等均有作用。古代人民十分相信枣的滋养之功，甚至有时达到迷信程度，《北梦琐言》中记录了一个故事：河中永乐县出枣，世传得枣无核者食可度世。里有苏氏女获而食之，不食五谷，年五十嫁，颜如处子。枣可治贫血，一般用大枣100克浓煎，食枣饮汁，一日三次。如遇血小板减少时，用大枣约100克，浓煎，吃枣喝汤可治。也治过敏性紫癜。枣的核仁也入药，有养胃健脾、补血养肝的作用。

枣自古即有优良品种，如山西运城的御枣，味甜美，为贡品。山东乐陵产金丝小枣，为枣中之极品，它的果肉细密，含糖量高，味极甜美。剥开干果，可见果肉有金黄色糖丝，故名金丝小枣。此枣果小，核极小，故又称无核小枣。关于无核小枣，当地有个民间传说：古时，乐陵有个年轻人，很聪明又很谦虚。一天他在散步时认识了王爷家的公主并成为朋友。公主很欣赏这青年，公主父亲便要见见这青年，王爷一见果然一表人才，但想考考他的德才怎样，就指着屋中堂挂的一幅画问他："此画如何？"青年一看，但见一丈多长的纸上，画了一颗小红枣。就说这样的画怎能挂在中堂？王爷一听认为青年不识画，就命人抬来清

枣农

水，他亲自舀水浇在小枣上，马上小枣不见了，出现一株小苗，再泼水时，小苗渐长成大树，是枣树，当即发芽生叶，开花结实，红枣挂满枝头。过一会儿王爷拿起画一抖，画面又复了原，仍仅有一个小枣。王爷再观察青年，没想到青年仍不以为然地说，此画不如墙角那幅翠竹画。王爷听了动气，认为青年无德才，命人将青年赶了出去。公主见之，问王爷青年哪里不好？王爷说他不虚心，以后不许你与他来往。王爷命人将公主看管起来，青年终日受相思不见之苦，

枣

最终忧心而亡。人们埋葬了他，在他的坟上长出一株枣树，结了好多枣。好不容易盼到被解放的公主得知青年已故，悲恸地跑到青年坟上大哭，忽然树上掉下一颗枣来，枣落地就裂开了，公主捡起一看，此枣无核。公主认为此枣无核是青年虚心的象征。公主将枣拿与王爷看，并哭着说：爹，你不知那画就是他画的呀。说着拿出一手帕给王爷看，又说："你看，这上面有他画的枣呢！"王爷知道自己错怪了青年了，就命人将那株枣树移进居处，精心培育，称它为"虚心枣"。传说自然不是真实的，但它反映民间对金丝小枣不仅味好且又核小到几无的喜爱之情。《乐陵县志》记载，400多年前的明代万历年间就已种植金丝小枣了。

山西交城有骏枣，此枣特大，核却细小，肉厚皮薄，味又极甜，有"枣中之王"的称号。

枣除可鲜食之外，还可加工成蜜枣、酒枣或做成枣泥，如月饼就有用枣泥做馅的。用酒处理过的枣食之有酒味，被称为醉枣。

食枣不可过多，因枣含糖多，多食易损牙。

北方山野向阳处有酸枣，常为一种灌木，分枝多。秋天结的果实呈小圆球形，橘红色或橘黄色；味酸，含维生素C多。其核仁是治失眠的药。在环境条件好时，灌木状的酸枣也可长成乔木。

十一、石榴惹人爱

石榴是花、果均惹人喜爱的植物。五月石榴花红似火，艳丽极了，以致有诗人用诗句来打趣它，如元代诗人张弘范有"游蜂错认枝头火，怕驾薰风过短墙"之句，就是说，古代人家在园子里栽有石榴，园子的围墙并不太高，石榴花盛开时，红艳如火烧，游蜂本要采花蜜，但由于花红似火，游蜂错以为是树枝上有火，赶紧借暖风逃到矮墙以外去了。

石榴的果实熟时，外皮红色有光亮，十分美丽，大小如拳头。果皮开裂后露出红的或白的晶莹剔透的有棱的种子，犹如玛瑙，煞是好看。种子外面那肉质的种皮是可吃的部分，吃起来很甜，有人称之为琼浆。古人形容为"雾壳作房珠作骨，水晶为粒玉为浆"，真是恰如其分。

石榴

据说石榴是汉代张骞出使西域时带回内地的，当时的西域就是今天的新疆地区，而西域的石榴是经丝绸之路从今天的伊朗、阿富汗地区传入的。从《群芳谱》记载的"本出涂林安石国，汉张骞使西域得其种以归"可以看出，汉武帝在长安建的上林苑所栽的名果异树中，就有石榴。石榴传入内地后，广受

石榴

群众欢迎，不少文人吟诗赞之，前文的张弘范即为一例。特别有趣的是，古代妇女穿的裙子上常有石榴花图案，后人形容男人被女人的魅力所征服为拜倒在石榴裙下，即源于此。

石榴果按味道分甜和酸两类品种。在甜石榴中，陕西临潼的石榴尤为出众，果红如丹，好看又好吃，且品种有多种。当地人对石榴有深厚的感情，在男女完婚时，亲友多送绣有石榴花果的枕头，以示庆贺。老人们常对孩子讲石榴故事：从前在临潼的山上有个老实农民，十分孝敬母亲，天天以砍柴为生。一天他正砍柴时，看见一只鹿，鹿引导他走入一山洞，他跟鹿在山洞中走了一段后，山洞豁然开朗，里面有山有水，有树木花草，有如仙境，他走近一户人家，出来一老人对他说："你孝敬老人心地好，希望你住下，为我照看花草，看管那开红花的石榴树"。农民说："你这里是仙境，我不可久住，因家有老母要人照顾。"老人听之十分感动："那我不留你，就送你这棵石榴吧！"农民道了谢，带了石榴树回到自己家中，将石榴栽在自家院子里。不久石榴结了果，附近邻里闻之都来看这株石榴，农民送他们石榴籽，大家广为种植，从此临潼的石榴就一年年多了、名气也一年年大了，直至今天。这个传说有点类似于《桃花源记》的情况，自然非真有其事，它只是反映了当地人民对石榴的喜爱之情。

石榴种皮（可吃部分）含有机酸，含维生素B和维生素C，含蛋白质、钙、

磷、锌等成分。

吃石榴一般将籽入口嚼食，也可以榨汁饮用，十分爽口。石榴汁有解渴之效，也醒醉，并可制成清凉饮料。

石榴的果、果皮、花和根皮均入药。酸味石榴有涩肠止血之功，果皮可治痢疾，根皮驱虫。

石榴属于石榴科石榴属。为落叶灌木或小乔木，单叶对生或近簇生。花大，红色，少白色，雄蕊多数，浆果近球形，种子多，有肉质外种皮。

十二、话说栗子

北京进入秋冬之际，大街小巷都会飘散着一股诱人的板栗香。炒栗子的小贩，一个大铁锅，一把长勺子，将栗子和着黑色砂石，不断翻炒，那栗子皮红棕色、油光油光的，光闻一下就香气诱人。栗子有两种，一种个子大的，炒熟后裂开一条缝，卖栗子的人说大栗子优点是好剥，因为已裂了口，用手一掰即开，吃起来方便。另有一种栗子稍小，无论怎么炒，就是不裂口，吃时要使劲弄开，有不便之处，但这种小一点的栗子味道更甜，二者真是各有所长。糖炒栗子为北京风土食品之一，深受群众欢迎。

糖炒栗子古已闻名。清代郎兰皋在《晒书堂笔录》中记述："闻街头唤炒栗之声，舌本流津。"说明作者对糖炒栗子之美味是十分着迷的，不然怎么会闻到炒栗声即流口水呢！《燕京岁时记》记曰："……栗子来时用黑砂炒熟，甘美异常。青灯诵读之余，剥而食之，颇有味外之味。"说明栗子甘美到有味外之味，真是亲身体验的证明。

糖炒栗子的方法代代相传，已有千年以上，南宋诗人陆游《老学庵笔记》中说，河南开封有个名叫李和的人，糖炒栗子有诀窍，他炒的栗子谁也比不上。《辽史》记载，一次皇帝问管理栗园的官有什么新闻，官答曰，卑职只有炒栗子的经验，知道炒栗子必须选出大小均匀的一同炒才成，否则大的熟了，小的焦了，或小的熟了，大的是生的。由于辽代都城为现今的北京，可知北京

板栗

的糖炒栗子历史悠久，风味不凡。

栗子与枣柿合称"铁杆庄稼"、"木本粮食"。就是说古代有以栗作粮食解决缺粮之荒的事。《清异录》载："晋王尝穷追汴师，粮运不继，蒸栗以食，军中遂呼栗为河东饭。"描述当时军队无粮以栗作饭食的情景。而乡村农民更常用栗和谷、米合磨为粉，用以蒸糕代粮。

栗子有多个品种，据西安县内苑村老农介绍，内苑在唐代时，产板栗多，有大粒种，十个能有一尺长。当今北京房山有良种，有皮薄、果大、味甜、香糯的特点，北京密云、怀柔、昌平，以及河北遵化、迁安等地也有多个优良品种。

栗子的营养丰富，富含碳水化合物、蛋白质、脂肪、胡萝卜素、核黄素、烟酸等，除炒食以外，还可用来做菜，如栗子烧肉、栗子鸡等。

栗子可入药，唐代名医孙思邈认为栗是肾之果，有肾病宜食之，可治腰腿不遂。宋代苏辙有诗咏栗："老去自添腰脚病，山翁服栗旧传方。客来为说晨兴晚，三咽徐收白玉浆。"可见栗对治腰腿病有显效。

栗属于壳斗科栗属，本属除栗（又称板栗）南北各省多栽培以外，南方尚有另一品种珍珠栗，果卵圆形，较小于板栗，果肉细嫩味甜，但栽培较少，产量不高。另有茅栗，为灌木，系野生种，果小，可食，主产于长江以南广大地区。

知识链接

《南史》里记载有故事：梁武帝未称帝时与萧琛交情很好。某日武帝请宴，萧琛醉倒，伏案之时，武帝用枣投萧琛。萧琛便抓起栗子掷武帝，不料正中帝面，梁武帝很生气，怒斥萧琛无礼。萧琛吓坏了，下跪说："陛下投臣以赤心，臣不敢不报以战栗。"萧琛这话以红枣比赤心，取"颤栗"的谐音"战栗"，武帝闻之随即转怒为喜。

不可或缺的植物油

向日葵

　　植物油种类繁多，常见的有花生油、豆油、菜籽油、葵花子油、芝麻油等，近些年橄榄油也逐渐走进千家万户。

　　植物油含的不饱和脂肪酸是人体自身合成不了的，又是不可缺少的，必须由食物获取。人体摄入的不饱和脂肪酸多，则皮肤光润，头发亮黑，面容姣好，否则皮肤粗糙，毛发脱落，人老得快。植物油中，不饱和脂肪酸含量高的种类为豆油、葵花子油、橄榄油、花生油，芝麻油也不错。

　　吃植物油还可降低胆固醇，防止胆固醇沉积于血管壁上，防止动脉硬化。

　　本书仅择几种简单介绍。

一、优秀的大豆

大豆属于豆科大豆属，为一年生草本，直立，复叶有3小叶，花白色或紫色，两性花，蝶形花冠，荚果，外有茸毛，种子数粒，即大豆。因为籽粒黄色，故又称黄豆，黄豆可当粮食吃（本书前述的五谷杂粮中的菽即指大豆），还可榨油或做成豆制品。

大豆含油脂多，每千克可榨油约180克。大豆含蛋白质40%左右，比粮食作物高出2～3倍，大豆榨油后的豆粕加工后可制脱脂蛋白、蛋白乳等。因营养丰富大豆被称为"植物肉"。

大豆原产于中国，有2000多年栽培历史，《诗经》中有"中原有菽，庶民采之"的记载。中国大豆主要产于东北地区，记得抗战时期的歌曲《松花江上》，歌词中有"我的家在东北松花江上，那里有森林煤矿，还有那满山遍野的大豆高粱……"说大豆漫山遍野，虽有点夸张，但大豆特多是毫无疑问的。

中国大豆于1740年被引入法国，1790年传入英国，1893年传入德国及其他欧洲国家，随后传入美国。1930年之前，中国为世界主要大豆生产国。20世纪

大豆

40年代后，美国认识到大豆的重要性，大力推广种植，经几十年努力，今天美国大豆出口量占世界大豆出口国总量的90%，居世界第一，其他如印度、巴西也出产很多大豆。

二、花生油香

许多人觉得花生油炒菜香，花生油是用花生的种子榨的油，花生为属于豆科落花生属的一年生作物，羽状复叶，有小叶2对，倒卵状椭圆形，全缘，花单个或数朵生叶腋，花冠黄色，受精后子房柄延长钻入土中结实。果为荚果，呈蚕茧状长椭圆形，长1～5厘米，外面有网纹，果不裂，种子1～4个，多为椭圆形，也有卵形的。

花生

花生原产于南美巴西和秘鲁等地。16世纪时，葡萄牙人在南美见到了花生，随后将之传入欧洲及世界各地。花生对土壤条件要求不高，适应性强，因此分布较广，从热带到暖温带都有，以亚热带为多，现今中国、美国、印度及非洲的塞内加尔为出产花生多的国家。中国河北中部如定州、新乐一带，土质以沙质为主，宜于花生结实，故栽种很多。

花生油和大豆油一样受到重视，花生含油量高于大豆，高达50%，但花生的蛋白质含量低于大豆。不过花生的蛋白质好，易于人体吸收，因此花生也有"植物肉"之称。

花生的产热量高于肉类、牛奶、鸡蛋。花生含各种维生素，如维生素A、维生素B、维生素E、维生素K等。此外花生含卵磷脂、油酸、落花生酸、棕榈酸，还有核黄素、钙、磷等，营养十分丰富。

花生油有降低胆固醇的作用，动脉硬化和冠心病病人多食花生有保健作用。

要注意的是花生如果变质发霉了，则绝对不可吃，因变质花生中所含的黄曲霉毒素可致癌。

三、葵花子油特别

葵花子油是用向日葵的种仁榨取的油。向日葵属于菊科向日葵属，为一年生高大草本植物，高达2米以上，主茎较粗，叶互生，叶柄长粗，叶片大，呈心脏形且粗糙，头状花序顶生，直径可达30厘米，舌状花黄色，舌片开展，此花不结实，中央的管状花特多，棕色或紫色，能结实。瘦果，倒卵形，稍扁，长达1.5厘米。花期7～9月，果期8～9月，原产于北美。

葵花子

瘦果即葵花子，味香，含油量高，可榨油食用，此种油所含脂肪酸为不饱和脂肪酸，其中亚油酸占55%，有助于人体发育和生理调节，可降低胆固醇。从中提取的亚油酸，是多种治高血压药品的重要成分。榨油后的油渣可制造食品。

向日葵的原产地在墨西哥和秘鲁。18世纪以后，中国才开始栽培。葵花子除含油以外，还含蛋白质、糖类、维生素A、维生素B_1、维生素B_2、烟酸和钙、磷、铁等营养物质。

中国栽培向日葵最多的地方是东北和内蒙古。

四、橄榄油可贵

橄榄油是用油橄榄的种仁榨出来的。油橄榄种仁含油量高，为30%～60%。食用橄榄油可防治心脏病和胃溃疡病。据说欧洲克里特岛上的土著居民多吃橄榄油，也吃橄榄，因此心脏病发病率很低。

油橄榄属于木犀科木犀榄属，又称"阿列布"或"齐墩果"。为常绿乔木，叶对生，叶片披针形或矩圆形，下面密生银色皮屑状鳞毛，全缘。圆锥花序叶腋生，花两性，白色，有香气，花冠4裂，雄蕊2，子房近圆形，核果椭圆形至近球形，长达2.5厘米或更长，黑色有光亮。

油橄榄形态

油橄榄原产于地中海区域，欧洲南部和美国南部多栽培。公元前3500年古希腊克里特岛上即已栽培油橄榄。希腊人视油橄榄为和平的象征，称它为"国花"，用其枝叶和花做成花冠，送给得到胜利的战士，以示和平永存。《圣经·创世纪篇》中记述了这样一个神话，说上帝要惩罚人类，用洪水来淹大地，挪亚（亦称诺亚）知道了这个消息后，就带着全家人及其家畜家禽都躲到方舟中，过了些日子，挪亚放了一只鸽子出去探消息，傍晚鸽子回来了，口里衔一橄榄枝，挪亚见之就明白洪水已退去了，从此鸽子口衔橄榄枝成为和平的象征。

当今种油橄榄最多处仍是地中海沿岸一带国家，其中以突尼斯最著名。

中国的油橄榄种植以云南、广东为多，生长良好。

中国有国产的橄榄，属于橄榄科橄榄属，为常绿乔木，高达20米，有芳香

西班牙传统手工采收油橄榄

树脂，奇数羽状复叶，小叶9～15个，对生，革质，卵状矩圆形，全缘；圆锥花序，花白色，花瓣3～5，雄蕊6；核果卵状矩圆形，长约3厘米，青黄色，两头锐尖。

从上可知国产橄榄不同于油橄榄，主要从叶上即可知，油橄榄为单叶对生，橄榄为奇数羽状复叶，复叶互生。橄榄的种仁也可榨油称橄榄油，也可食，含多种维生素，常食可增强体力，也治疗虚弱之体。

橄榄果也可鲜食，有多个品种。

芳香植物的魅力

芳香植物的魅力

一、八月桂花香

香料植物世界有众多"精英"。笔者认为在这些精英中，桂花应是排头位的。

笔者曾于一年秋到杭州，到了西湖畔，好一阵香啊，香在空气中弥漫，一打听，当时西湖边到处有桂花，时值花开，香气四溢，令人如醉如痴。桂花的香不刺鼻，令人欢悦，久闻不厌，令人精神爽朗……

桂花属于木犀科木犀属。是一种灌木或小乔木。单叶对生，叶片革质，边缘有锯齿。花朵小，常多数生于叶腋，有黄色和白色二种，花冠4裂，雄蕊2。在微风中，由于小花有梗，花朵摇动，别有情趣。

桂花

桂花的故乡就在中国西南部地区。中国人民栽培桂花历史悠久，由于它喜温暖湿润气候，故北方没有桂花，只能作盆景，入冬需进入室内方可。

中国民间有著名的桂花的传说。唐代段成式《酉阳杂俎·天咫》云："旧言月中有桂，有蟾蜍，故异书言月桂高五百丈，下有一人常砍之，树创随合。人姓吴名刚，西河人，学仙有过，谪令伐树。"

唐代诗人宋之问《灵隐寺》诗云："桂子月中落，天香云外飘。"意思是桂花子从月亮中落入人间，桂花香气也飘到人间。很明显这是根据上述月中有桂的传说引申来的，对人间的桂树、桂花、桂子作了生动的描写，因而成为流传至今的名诗。清代文人李渔在《闲情偶寄》中更说得实实在在："秋花之香，莫能如桂，树乃月中之树，香亦天上之香也。"有关桂花的传闻还有很多，在此不赘述。

桂花用处大矣，它是中国十大名花之一，有花中仙客之称，栽培历史达2500年以上，花香特异。宋代文人邓肃《木犀》诗（作者按：木犀即桂花）云："清风一日来天阙，世上龙涎不敢香。"桂花香好，有多种使用方法，如入酒成桂花酒，入菜名桂花菜，入糕点名桂花糕……古代还传说，神仙家认为以桂花为食，能够轻身飞升，认为桂花是神仙爱吃的食物。自然这只是人们对于桂花产生的美好想象。

说到桂花应将其与樟科植物中的肉桂区分开来，后者属于樟属。肉桂的树皮作为药用，又称玉桂、椒桂，与本文所写桂花是两码事。

桂花也有不同品种：如花橙黄色的名叫"丹桂"，花淡黄白色的名叫"银桂"。花白色者为一般所称的桂花或木犀。

中国产桂花多的地方为江苏。另外，杭州的满觉垅桂花也多。每当桂花盛开时，仿佛整个世界都沉浸在桂花的馨香里。收桂花时，在树下铺布席或塑料布，摇动桂花树干，桂花便纷纷飘落，这被称为"桂花雨"，那情景十分动人。《广群芳谱》引《客座新闻》说："衡神寺，其径绵亘四十余里，夹道皆合抱松桂相间，计其数云一万七千株，连云蔽日，人行空翠中，而秋来香闻十里，真神幻佳境。"可见当时桂花已经开始作为行道树被种植了。

现在，在一些古庙宇内仍有古桂花树遗存，如陕西汉中圣水寺有汉桂，相传为西汉萧何所种。江苏常熟兴福寺有唐桂，福建武夷山有宋桂等。

二、芝麻是个宝

芝麻是我们日常生活的调味植物之一。芝麻油也叫香油，芝麻含油量达到60%，成分中含油酸、亚油酸、棕榈酸。做菜或汤时稍滴几滴香油能增加人的食欲。

芝麻制成的酱叫芝麻酱，是凉拌菜的好佐料。作为主食的麻酱糖花卷，制作材料中也少不了芝麻酱。

汤圆（元宵）的馅多用黑芝麻，看看汤圆品种，就会发现以芝麻为馅的很多。

芝麻又称脂麻、胡麻，属于胡麻科胡麻属。芝麻的原产地为印度，其拉丁学为 *Sesamum indicum* L.，*indicum* 即为"印度的"之意，但也有学者认为非洲也为其原产地之一。公元前1600年，印度已栽培芝麻。芝麻传入中国，多认为是汉代张骞出使西域时带回的，西域也被称为胡地，故芝麻又称胡麻。

芝麻为什么又叫脂麻？《本草纲目》曰："……脂麻谓其多脂油也。"

汤圆

芝麻

《本草纲目》又曰："（脂麻）俗作芝麻，非。"李时珍不同意用"芝麻"，现代学者认为用"芝麻"的原因可能由于"脂"、"芝"同声，易误传，而"芝"字简单好写，且草头（艹）符合草本植物之意，沿用至今，不足为奇。

芝麻古时为药用植物，这是一种一年生草本植物，高达1米，茎四棱，不分枝，叶对生，叶片卵形或长圆形，下部叶多有3浅裂。花1～3朵，生叶腋，花冠筒状，二唇形，白色、紫色或淡黄色。蒴果长圆筒形，长达2.5厘米，有4棱，纵裂。种子多，小，色黑、白或淡黄。7～8月开花，8～9月为果熟期，是广泛栽培的油料植物之一，嫩叶可作为菜食用。

古人有赞芝麻为健身物者，如唐代医学家孙思邈云："人过四十以上，久服（芝麻）明目洞视，肠柔如筋"。宋代诗人苏东坡说：以九蒸胡麻同去皮茯苓，入少许白蜜为剂食之。日久气力不衰而百病自去，而痔渐退。此乃长生要诀。总之，芝麻的功效为补肝肾、润五脏，益寿健美，治须发早白和大便秘结等。

芝麻之所以有益寿、乌发、美容之功效，在于它含有丰富的维生素E，为其他植物所不及。用芝麻煮稀饭，常食之，非常有益。

芝麻炒焦捣成泥后外敷，可治疖肿。

注：关于芝麻的原产地，历来认为产于印度，已如前文所述。但后又有一说认为原产自中国云贵高原。在浙江湖州钱山漾新石器文化遗存和杭州田畈史前遗址都发现了芝麻的种子，是中国迄今发现的最早的芝麻种子，说明在原始社会时，中国已栽种芝麻了。

三、胡椒小传

胡椒是一种香辛料植物，有香味又有辣味，它的小果实研成粉末后，作为调味料，深受欢迎。

胡椒原产自东南亚热带地区，印度尼西亚尤多。商品中有黑胡椒和白胡椒。在它的果实开始发红时采摘，干了呈黑色，就是黑胡椒；如果将红果皮的胡椒去掉果皮后就呈白色，叫作白胡椒，白胡椒研粉为调味香料。

胡椒进入人类社会可以说充满传奇色彩。古罗马的商人带着金子去买胡椒，可见当时胡椒在欧洲的重要地位。罗马人是从东方买进胡椒的，当时印度产胡椒。公元408年，罗马城被敌人围困，敌人向罗马人要几千磅胡椒作为解围的条件，可见当时欧洲人对胡椒的喜爱程度。

英国国王埃塞利德曾要求居在英伦的外国人，每年必须向他进贡胡椒。

北欧人特别喜欢胡椒。因为那里的人喜欢吃肉，而保存肉多用盐腌或晒干制成肉干，味道不太好，如用胡椒调味则能大大改善味道。

哥伦布1492年航行时本来要去亚洲找香料，结果没找到胡椒，而是鬼使神差地到了美洲，发现了新大陆。

欧洲人苦找胡椒原产地，直到16世纪初，才知道胡椒盛产于印度的马拉巴海岸和印度尼西亚的苏门答腊岛。

胡椒传入中国的时间恐怕也很早，可能宋代就有了，因为宋代《图经本草》中有"长叶胡椒"的记载。李时珍《本草纲目》云："荜拔气味正如胡椒"，荜拔即是长叶胡椒，与胡椒同属不同种，荜拔之名在《唐本草》中亦有记载。估计海外胡椒传入中国的时间不会晚于明代。

胡椒属于胡椒科胡椒属，是一种藤本植物，茎木质，可达数米长，节部膨大；

胡椒

单叶互生，叶片近革质，卵状椭圆形，长达15厘米，宽达9厘米，基部圆形，有基出脉5条，有不短的叶柄，有托叶；花小，单性花，雌雄异株，无花被，组成穗状花序，雄花有2个雄蕊，雌花子房卵球形；果实球形，直径3~4毫米，熟时红色，干即黑色。

由于胡椒作为调味料用途多，世界各地广泛栽培。中国广东、广西、云南和台湾等地均有种植。

胡椒果实含有胡椒碱、胡椒脂碱，又含有挥发油。油的成分为水芹烯、丁香烯，还含树脂、吡啶等。胡椒果实可以入药，有温中散寒、理气止痛的作用，治胃寒呕吐、腹痛腹泻、慢性气管炎、哮喘等。

四、神奇的香料丁香

丁香由于产自外国，又名洋丁香，由于其花蕾像钉子，故又称钉子香、丁字香。另外还有鸡舌香之名，据说是花的样子像鸡舌的缘故。中国历史上还将丁香分为公丁香、母丁香，前者指其花蕾，香气浓郁，个头较小；后者为其果实，香气稍淡，个头较大。

丁香是一种药，从古代起多用其除（防）口臭，十分有效。东汉桓帝时有这样的故事：当时有一位侍奉皇帝的官员，名叫刁存。这人有口臭的毛病，让皇帝不悦。一天皇帝给刁存一个钉子形的东西，要他含在口中，不要咽下去，刁存从命行之，入口之后，他觉得有辛辣味，就以为皇帝给的是毒药，要赐自己死，他赶紧跑回家去，对家人说自己快要死了，就躺在床上等死。恰好此时他家来了一位朋友，听说之后，就叫刁存吐出口中物看看。刁存吐出之后，那朋友一看，不禁笑起来。朋友告诉刁存这不是毒药，而是有香气的鸡舌香，是可以防口臭的。这事在当时成为一个笑话。

丁香除了防口臭以外，还有多种用途，如用以杀菌、镇痛、暖脾胃、补肾助阳等。《医林纂要》记载："补肝、润命门、暖胃、去中寒、泻肺、散风湿。"《日华子本草》中说"治口气，反胃，鬼疰、虫毒，疗肾气，贲豚气，阴痛，壮阳，暖腰膝，治冷气，杀酒毒，消疬瘕，除冷劳。"

现代医学认为，丁香有抗菌作用。丁香煎剂浓度为1：20～1：640时，对葡萄球菌、链球菌及白喉变形、绿脓、大肠、痢痰、伤寒等杆菌均有抑制作用。丁香有健胃作用，可缓解腹部气胀、增强消化能力、减轻恶心呕吐。丁香能止牙痛，用丁香油少许滴之，可消毒龋齿腔，从而减轻牙痛。

丁香花蕾所含的丁香油为一种挥发油，油中含有丁香油酚、乙酰丁香油酚、水杨酸甲酯、胡椒酚等多种成分。

丁香植物原是属于桃金娘科蒲桃属中的一个种，它的拉丁学名为*Syzygium aromaticum*。第一个词表示蒲桃属，第二个词意为芳香的。合起来即为丁香的种名。丁香原产于马来群岛和非洲。中国广东、广西壮族自治区有栽培，为常绿乔木。它的花蕾即为著名香料丁香的基原，其树根、树皮、树枝均可入药。用花蕾蒸馏即得丁香油，也可入药。

丁香

要注意的是，这种香料丁香与公园里的丁香（也叫丁香花）不同，后者是属于木犀科丁香属的灌木，其开的花和花蕾虽形似前述丁香的花，但前述丁香花的雄蕊多数，果实为浆果、红棕色；而木犀科丁香的花只有2个雄蕊，果实为蒴果木质。从叶子上也可区分，前者的叶对生，叶片基部狭窄多下延成柄；木犀科的丁香叶对生，叶基部宽，常为心形。

五、茉莉花香

在芳香植物中，茉莉独具一格。汉代开国名臣陆贾出使南越时，曾带回茉莉植于南海。当地人爱其芳香，竞相种植。

茉莉花香有悦人之处，以江奎的诗为代表："灵种传闻出越裳，何人捉掇上蛮航。他年我若修花史，列作人间第一香"。以第一香来赞茉莉之香，足见其地位之高了。

中国古代妇女尤喜茉莉花，常用它做头饰，有"倚枕斜簪茉莉花"的风尚。妇女如此装扮走街串巷，所过之处，空气中飘散着浓香。宋代诗人苏东坡在海南见黎族妇女头上戴茉莉花，就曾作诗云："暗麝着人簪茉莉，红潮登颊醉槟榔"。还有诗云："谁家浴罢临妆女，爱把闲花插满头。"诗中闲花即指茉莉，可见那时茉莉花在妇女们心目中的地位。

关于茉莉花的香，还有个故事。传说茉莉花本是天庭花园中的一种花，不仅香好，而且艳丽异常。一天玉皇大帝来赏花，见到茉莉花美丽，十分高兴。但玉帝鼻子不灵闻不到茉莉花的香气，不免失望。这时玉帝叫风神来帮忙，风一刮将茉莉花香刮到玉帝身边。玉帝闻到了香味，又叫风再刮大些，风刮大了，可是吹断了许多茉莉的枝。后来，百花仙子云游时看见大地上有好多美丽的花，就去欣赏，她发现这些花竟是天上的茉莉花，一打听才知是不久前大风

茉莉

刮下来的。这些茉莉断枝掉地上就生根开了花。百花仙子怕玉帝怪罪她没管好天上的茉莉花，想毁掉人间的茉莉，可又觉得太可惜了。她就想了个办法，将茉莉花的艳丽色彩降为白色，但其香气不变。于是百花仙子对风神说："我有条小白巾，你将小白巾刮到地下的茉莉花上，花就会变小变白，玉帝即使见之，也不认得是天上掉下来的。"风神就照办了，果然原来漂亮的花朵变小了，变成白色，失去了昔日的娇美之容，但其香气仍浓郁无比。因此人们又叫茉莉花为"抹丽"。意思是原来的美色被抹去了，而其香气成为第一，香胜过了色。

茉莉花的传说是人们抱着美好的心情杜撰出来的故事，尽管非真，却又是实实在在的，很动人地突出了茉莉的香。

茉莉属于木犀科茉莉属，为常绿藤本，单叶对生，有时为3小叶，广卵形，花冠白色，裂片长圆形，常不结果实，6～7月开花。

茉莉原产于印度、阿拉伯。中国南方多栽培，在北京多为盆景。花含芳香油，其浸膏为名贵香料，用于高级化妆品中；也可熏茶，称"茉莉花茶"。

茉莉和迎春、探春为同属不同种的"堂姊妹"。

六、熏你一身香的薰衣草

薰衣草是一种亚灌木，由于样子像草本植物才得以草之名。所谓熏衣，是由于薰衣草开花时香气浓郁，人走近正值开花期的薰衣草种植地时，衣服都会染上香味。

薰衣草属于唇形科。植株并不高，只有40～60厘米，有星状绒毛，带灰色。叶片窄，像条形，宽不超过5毫米，长也只有3～5厘米。在茎上部有一轮一轮的轮伞花序，每花序有6～10朵花。花冠蓝色，二唇形。一花能结4个小坚果。

薰衣草的故乡在欧洲地中海地区，那里冬天温暖湿润，夏天干燥炎热，光照强烈，非常适宜薰衣草的生长。远古时代，欧洲人就知道薰衣草的作用，最原始的方法是在衣箱中放些薰衣草，防止生虫。17世纪时，欧洲人提取出了薰衣草中含的芳香精油，因此扩大了栽培面积。现今盛产薰衣草的国家是法国、

薰衣草

俄罗斯和保加利亚。

中国在20世纪50年代引入薰衣草，在北京、上海及山东、河南、陕西、新疆等地种植。

薰衣草在盛花期时，其含油量在中午最高，早、晚含油低。大约100千克鲜花才能提取出1~2千克芳香油。

据日本医药界的研究证明，薰衣草的香气能让人的脑部血液循环降速，从而减轻痛苦，也可以帮助病人减轻压力。

有部电影名叫《薰衣草》，据说这是一部利用香味刺激视觉的电影，影院里安置了喷香气的机器，有薰衣草、玫瑰、茉莉等植物的香气，香气随着情节的进展而散布。

薰衣草的拉丁学名为 *Lavandula angustifolia*。*Lavandula* 意为薰衣草属。

三大饮料植物

斯里兰卡茶园

人类除了食用粮食、蔬菜、水果等食物以外，还要喝饮料。水是最普遍的饮料，有些饮料虽不如水普遍，但在人类社会中，它们也受到比较广泛的欢迎，其饮用量仅次于水。它们就是号称世界三大饮料的茶、咖啡和可可。

一、茶的好处

中国是世界上最早种茶、制茶的国家，茶原产于中国，其栽培历史有5000年以上。世界上还有其他几十个国家种茶，但其种源都是直接或间接由中国传去的。

中国古代许多文献中都谈到了茶，如《诗经》、《尔雅》中皆记载有茶。

唐代陆羽的著作《茶经》为世界最早的茶叶专著，至今还有很重要的参考价值。正由于历史悠久，中国各地民间都流传有茶的传说故事。据说唐代有个和尚，每天饮茶很多，活到一百多岁。传说南宋名将岳飞带兵打仗时，都给士兵发放茶叶。军队里备茶叶的做法，国外也如此，如美国、俄罗斯均如此。在军队中有这样的说法：作为士兵的粮食，茶最为重要。一杯热茶，抗寒抗热，消除疲劳，尤为明显。

茶为什么能成为著名饮料？这与茶的营养有关，茶叶中含咖啡因和芳香油，能兴奋神经，又含维生素B_1、维生素B_2、维生素C、维生素P及矿物质，喝茶能补充营养是毫无疑义的。唐代有个文人名叫卢同，喜欢喝茶，他用七碗茶道出他喝茶的亲身体会和特殊感受：一碗喉吻润，两碗破孤闷，三碗搜枯肠，唯有文字五千卷，四碗发轻汗，平生不平事，尽向毛孔散，五碗肌骨清，六碗通仙灵，七碗吃不得，唯觉两腋习习清风生。

茶

茶的品种很多，但极好的品种也不过十种，其中占头一位的是西湖龙井茶，产于中国杭州西湖。龙井茶的特点是茶色翠，香气郁，味道醇，形体美。民间又以"黄金芽"或"无双品"等言词赞龙井茶。凡喝过此茶的人，没有不称赞的。

福建的名茶铁观音也是茶中珍品，为什么叫铁观音？这种茶叶的绿叶有红边，叶肥厚带肉质，制成茶后比其他品种的茶重些好看些，被誉为"重如铁，美如观音"，故称铁观音。此茶喝后，还有余香在口，回味良久为一大特色。

普洱茶产于云南。这种茶有助消化及美容之功效，在法国很受欢迎，尤其受到年轻女性的青睐，认为要身材健美必喝普洱茶。据说法国医生用这种茶对几十个人做了试验：每天喝3杯普洱茶，坚持3个月，结果可获得减轻体重、降低血脂、健美身体的效果。

普洱茶

此外还有河南信阳毛尖，江苏的碧螺春，庐山的云雾茶，等等。据说碧螺春是康熙皇帝命的名，因为此茶外形纤细、卷曲成螺形。

安徽祁门红茶产于安徽山区，曾得过巴拿马万国博览会金奖。湖南岳阳产君山茶，茶汤色橙黄，有浓香，冲泡时，茶芽向上竖立，片刻慢慢下沉，别有一番风味。

茶属于山茶科茶属。为常绿灌木或小乔木。叶薄革质，花白色，雄蕊多，蒴果近球形，种子球形。主要在长江流域及其以南广大地区栽培。除嫩芽叶制成茶叶外，其种子还可榨油，供食用或制润滑油。

知识链接

福建产的名茶除铁观音以外，还有一种名叫大红袍的极品名茶。这种茶树只有4株。可为什么叫大红袍呢？这四株茶树生在福建武夷山九龙窠峡谷的峭壁上，环境独特，岩顶终年滴水，日照正常，气候变化不大。此茶闻起来清香隽永，韵味深长，制作工艺也独到。当地民间传说，康熙皇帝南巡时，由于水土不服，生起病来。用了诸多良方均未治好，后有人献武夷山这树的茶叶请康熙喝。康熙喝了，病居然好了。康熙得知此茶来于武夷山，就脱下红色御袍，派人送往武夷山，披挂在这茶树上，以表谢意。从此这茶树获得"大红袍"之名。

二、与茶并肩的咖啡

咖啡在饮料中有重要地位，它是世界三大饮料之一，东方人喜欢喝茶，西方人则喜欢咖啡。

咖啡是由茜草科咖啡树的种子制成的，咖啡树的故乡在非洲埃塞俄比亚。它的栽种历史不过几百年，现已在世界各热带地区落户繁衍，中国广东、福建、台湾、广西、云南、贵州都有栽培，成为国产咖啡的基地。

哥斯达黎加人在采收咖啡

咖啡是怎么被人发现的呢？传说是6世纪时，在埃塞俄比亚放牧的阿拉伯人（牧羊人）发现的。有个牧羊人天天赶羊群到草原上去放牧。有一天牧羊人忽然发现羊群异常兴奋，活蹦乱跳的。他好生奇怪，于是天天关注羊群的活动，一天忽见羊在吃一片被人烧坏了的树木，树木上有黄黄的果子。羊吃那果子吃得很欢，他就推断可能羊是因为吃了这种被火烧过的果子而兴奋的，牧羊人思考之后，决定自己亲身做个试验。他也采些树上的果实吃起来，那果子有一股香气，吃完他也感到精神兴奋起来，浑身有劲。他终于明白了，这种树的果子经火烤后吃之有兴奋作用。而这果子正是咖啡的原料——咖啡豆。后来人们就专门栽种这种树木，获得大量果子，制成了咖啡。

咖啡树是灌木或小乔木，叶对生，叶片稍带革质。矩圆形，长达14厘米。花白色、浆果椭圆形，长达1.6厘米。此种常被称为小果咖啡。中国华南和西南地区多栽培。其果实初为绿色，后渐变鲜红色，最后成蓝色。一般当果实变红色时，即应采摘，及时加工成咖啡。

咖啡含咖啡因、蛋白质、脂肪、糖类，还含咖啡鞣酸和粗纤维。咖啡因是能使人提神醒脑的成分，喝咖啡还有助消化的作用，也有强心利尿作用。

　　但是喝咖啡也应注意：不要过量饮用，一杯咖啡含咖啡因不超过60毫克是适量的。如果喝多了，如一次性摄取超过10克咖啡因则可致命。如果不加节制，就会上瘾，如吸毒一样，不喝就会头痛不安、疲劳不振，呈痛苦的样子；还会造成血清胆固醇升高、心律不齐、血压下降等，使患心脏病的可能性大增；如果孕妇喝咖啡容易发生畸胎。

　　咖啡除上述小粒种以外，还有两个名种，一是中粒种，浆果近球形，直径1～1.2厘米，叶宽椭圆形，长可达30厘米。用处同小果咖啡，中国广东、海南有栽培。还有一种叫大果咖啡，树高达16米，叶革质、椭圆形，长达30厘米，花白色，浆果宽椭圆形，长达2.1厘米。其果实也可用作咖啡原料。这种咖啡在中国广东和云南有种植。

知识链接

　　阿拉伯人的功劳：另一关于咖啡的传说认为是一个阿拉伯人发现了咖啡。1258年，有个阿拉伯人犯了罪，被流放到边远地区。在路途中，他饿极了，忽见前面一片丛林，一株树上长着红色小果子，一只小鸟对他唱歌，十分欢快的样子，他发现小鸟在吃那红色果子，于是自己也摘下一些果子吃了，顿觉周身

科特迪瓦的咖啡种植

轻快，肚子也不饿了。原来他发现的这果子，正是后来名闻世界的咖啡。

　　世界上有许多名人特喜欢喝咖啡，如法国哲学家伏尔泰（1694～1778），每天要喝40杯咖啡。

　　拿破仑一生喜咖啡。他曾说："浓烈的咖啡会使我兴奋，同时赋予我温暖和异乎寻常的力量。"

　　英国哲学家詹·麦金托认为："咖啡喝得越多，人就会越聪明。"

　　法国作家巴尔扎克喝咖啡20年，喝了五万杯咖啡，写了74部长篇小说，还

有大量文章和短篇小说。

大音乐家莫扎特在他临终前还喝下一口咖啡说："哦，舒服极了！"

大画家毕加索认为是喝咖啡给他带来艺术创作上的灵感。

三、第三大饮料——可可

可可属于梧桐科可可属，为常绿乔木，高达5～10米。单叶，椭圆形，全缘。花小，淡红色，花瓣5，果为大型核果，生于树主干上，花卵圆形，内含约20粒种子，名叫可可豆。可可豆经焙炒，磨成粉后即为可可粉，可用热水冲饮，名可可饮料。此种饮料浓醇似咖啡，但比咖啡更香郁，比茶叶更芳芬。它含蛋白质12%、脂肪29%、矿物质3%，营养丰富，除饮用外，还是巧克力糖的主要原料，并有强心利尿的医疗功能。巧克力是用可可脂加可可粉、奶粉，再加糖和香料制成，为大众喜欢的食物。可口可乐饮料的主要原料也是可可。

可可对生长环境要求很高，要求年平均温度24～28℃，年降水1500～2000毫米，且要求降雨均匀，结实时要求空气湿度要高，阳光不能太强，怕直射光，因此栽种时同时栽芭蕉，利用芭蕉大叶遮阴。另外栽种土壤要肥沃。

可可豆

纤维植物的贡献

新疆棉花

　　原始社会时期人类没有正式的衣服，只是用树叶连起来遮遮身，或利用打猎所得的兽皮做衣服穿。生活之艰苦可想而知，那时食是第一位的，没有食物，连生命也保不住，根本不多想衣服的问题。

　　人类发展到能穿衣服的时代，得益于发现了许多纤维植物。根据历史资料，重要纤维植物有亚麻、棉花，以及多种麻类植物如苎麻、洋麻、大麻、黄麻等。

　　最早发现的纤维植物是亚麻，亚麻属于亚麻科亚麻属，是其中重要的种，为一年生草本，高达1米。叶狭无柄，全缘，花蓝色或蓝紫色，花瓣5，长达1.5厘米，容易脱落，蒴果球形，径7毫米，5~7月开花，7~8月结果。

　　亚麻的茎皮纤维长而强韧，是优良的纺织材料，种子可榨油供食用，还可

亚麻植株

入药，有补肝肾之功。

西方远古时代，人们看见一种小草，茎细而长，刮大风时，这种小草弯到了地，然而它很快又重新回到直立状态，引起人们很大兴趣。有人就去拔这草，一下就拔出来了，可是要将它折断时，却十分困难。人们发现这草的心易断，而皮强韧，如果纵向撕开，便裂成一条条的了，后来才知道这植物就是亚麻。

亚麻纤维细长，利用该纤维可以织成洁白的厚麻布，可制桌布、床单等。后来人们发现，人工密种亚麻时，亚麻长得纤细，分枝极少，在它开花时收获，利用其纤维就可织出细软的亚麻布。

人工栽培亚麻的历史已有9000多年，是仅次于小麦的古老作物。最早是在印度栽培的，7000年前亚述和巴比伦已有亚麻，并传入埃及。埃及人喜欢亚

亚麻纤维

麻，埃及的法老、僧侣及贵族人物都爱穿亚麻布做的衣服，木乃伊也是用亚麻布包裹的。当时认为亚麻布是高贵的物品，一般人是用不起的。

亚麻布以结实强韧闻名，帝俄时代，用亚麻布制的船帆，在航行中经受住了狂风暴雨的打击，而用丝类或其他材质做的帆都被风刮破了。

苎麻属荨麻科苎麻属，是中国原产的著名麻类作物之一，外国人叫它"中国草"。苎麻的纤维最长，并有光泽，看上去有美感，中国古代用苎麻纤维织成的布，极像丝绸品。外国人称为"中国麻"。

棉花是纤维植物中的佼佼者。有许多美丽传说，中世纪至17世纪，欧洲人还不知什么叫棉花，只流传一个传说：有一种树，树上能长出羊毛来，其根据实际上是欧洲一些旅行家到东方国家所看到的现象。一本名叫《旅行记》的书

苏丹棉花丰收

里说在里海边的鞑靼汗国看到了上述情况，说是植物上长出南瓜形果实，"南瓜"成熟时开裂，里面有像小羊的动物，外面长着毛，书中还附了一张图。很显然，这是旅行家的一种不科学的记载，实际指的就是棉花。

棉花属于锦葵科棉属。所谓"南瓜"是棉花的蒴果，其种子表皮上有白色棉毛（棉纤维），而不是什么小动物。旅行家还记得这"南瓜"可吃，人们也吃里面的小动物，就更加错误了。这充分证明当时西方根本不知棉花为何物。

棉花为一年生植物，广为栽培，棉属中个别的种有多年生的。棉的叶为单叶，掌状浅裂，喜欢阳光，被称为"太阳的孩子"。花单生，花朵大，有5个花瓣，白色，可变为玫瑰色或淡紫色。果实称棉桃，成熟后开裂，棉的种子外皮上有白色纤维。

棉花栽培历史悠久，印度在4000多年前已栽培棉花，当时的印度人用棉纤

维纺织成既薄又轻的纱布，说明其技术水平相当高。

在11世纪前，中国的棉花还是一种观赏植物，因为中国那时盛行用蚕丝织成丝绸，没想到棉花的用处。

美洲产的棉花，纤维特长，产量也高，为纺纱织布的理想纤维。现在中国栽的棉花品种多来自美洲，简称美棉。

药用植物的威力

宁夏是我国唯一的药用枸杞产地

　　药用植物种类繁多，中国产的药用植物至少有1000多种，其中著名的如人参、党参、黄芪、黄连、柴胡、当归、甘草、天麻，等等。自古以来，即被人们用来治病，载入《神农本草经》的药物达300多种。李时珍的《本草纲目》中收录药物千种以上，大部分是以药用植物为主。

　　药用植物自古到今在中医的运用下，治好了不计其数的病甚至许多疑难杂症，此处不一一列举了。本书只介绍药用植物中最广为人之的一些种类。

一、人参和西洋参

人参是中药里最为著名的药用植物，因为它有大补元气的作用，能治劳伤虚损、眩晕头痛，治一切气血津液不足之证。总之，是大补的药，别的药都不能与之相比，对神经系统有兴奋作用，可提高肌体活力、减少疲劳。

据说古代检验人参真假的方法是：令两个人竞走，一人口中含一小块人参，另一人不含。同地同时出发，由评判人发令，约半小时后，口不含人参的人已气喘吁吁，而口含人参的人，走得非常轻松自如，于是证明口含的人参是真货。

化学家检验了人参的成分，主要含人参皂苷I—VI等。药理试验证明，人参对人体而言，有加强大脑皮质的兴奋过程及提高人的一般脑力和体力机能的作用，大剂量时也可有镇静作用。

人参是属于五加科人参属的一个种，为多年生草本，其根常2分支，像人形，因此名"人参"。它的茎高不会超过1米，叶为掌状复叶，共3～6个复叶轮生茎顶，每复叶有3～5小叶，小叶椭圆形，伞形花序顶生，花小、淡黄绿色，浆果扁圆形、熟时鲜红色。

人参早期传到西方，并不被重视，后来有人做试验，不仅证明人参的药效，还有别的收获。1948年，当时苏联科学家给士兵服食人参提炼品，发现士兵越野赛跑能力提高6%。动物试验（小白鼠）证明，奔跑能力增加34%。保加利亚的医药专家曾以人参做试验，证明人参能增强学习能力和记忆力。

人参

经过多方面的试验，外国人也逐渐信服了人参的功效。

中国食用人参有几千年历史，民间流传着许多关于人参的传说。据说在中国东北长白山区（人参主要产地），一户人家的小孩在外面玩时，总有一个没见过的小孩和他一起玩。这小孩长得白白胖胖的，每天玩到天快黑时就走了，第二天又来，天天如此。这家人觉得奇怪，因为他们附近并无别的人家。于是就交代自家的小孩，等那个小孩再来玩时，在他衣服上系一根红绳做个记号。于是，小孩照办了。然后等那个神秘的小孩走了以后，大人们上山去寻，在一棵椴树底下，看见有一段红线露在地上。于是他们用锄头轻轻挖下去，顺着红线找，发现红线连在一根肉质白胖的

人参植株

人参上。这才恍然大悟，那个白天来玩的小孩，就是这根人参变的。人参能变人形，成了精。当然这只是神话传说，但它反映了人们对人参的崇拜心情。

中国人参主产于长白山林区阔叶林下，由于长年过度采挖，而今野生的人参已极少。在林区，人参已经被人工种植好多年了，通常是搭棚子，使其稍透光，模拟阔叶林下有弱光的环境，这样种的人参生长良好。

顺便说一下西洋参，西洋参是中国人参的兄弟，因为二者同属于五加科人参属，为两个不同的种，都是多年生草本，根也相似，均以根入药。

西洋参的叶子也为掌状复叶，小叶3～5，小叶比中国人参小叶短一些，呈倒卵形，叶边缘锯齿较粗。在药用上二者相差较大：西洋参性寒，人参性火热；西洋参能养阴补气、降压、解热，中医用于补肺阴、清肺火，治久咳肺萎等症。西洋参进入中国也有200多年历史了，中国最早收录西洋参的药书是《本草纲目拾遗》，此书于乾隆三十年（1765）刊印。

西洋参主产于加拿大和美国，它被发现的过程十分有趣。有个叫塔吐斯的传教士到过中国，1714年他在英国皇家学会会报上发表了一篇名为《叙述远东人参》的文章，引起人们很大兴趣。此文不久传到了在加拿大魁北克的一个神父手中，此神父名叫拉菲太，他研究了从中国来的人参植物标本，发现加拿大的森林环境与中国人参生长的环境有相似处之后，就努力在当地森林中去寻

找，希望也找到人参。1716年他在加拿大蒙特利尔森林中找到了与中国人参十分相似的人参植物，这就是"西洋参"。之后不久西洋参被发现在北美大西洋沿岸许多地区都有，而且野生数量极为丰富。采参商闻风而来，于是大量西洋参销往世界各地。西洋参和中国人参一样，也遭遇了大量采挖的厄运，日渐减少，后来才由政府

西洋参

出面立法制止，并将之列为保护植物。今天野生的西洋参也是极少了，多为人工栽培的。

　　注：人参虽是大补良药，但也应注意不可过量服用。特别在疾病急性期不可盲目用人参，否则会加重病情。人参偏热，如果患阴虚火旺、面色潮红、低热盗汗的人就不应服用人参，否则会使"火"气加大，精神过度兴奋血压会增高。在人体健康时，不要认为服用人参更健康而滥用。

二、党参有故事

　　党参是著名中药之一。它的功效有点像人参。但党参最重要的作用是补气，能补脾养胃、润肺生津、健运中气。中医认定凡气血两虚、面色苍白、头昏眼花、疲倦乏力者，适宜用党参。且常和其他药物配合用之，如治脾胃虚者，配茯苓、白术、甘草；治血虚者，配当归。

　　党参的化学成分不少，除含皂苷以外，还含多糖，葡萄糖、果糖、菊糖、蔗糖及许多种氨基酸，其中的赖氨酸、苏氨酸、蛋氨酸等是人体无法合成的，另外，还含铁、铜、锌、钠等多种元素。党参含的党参碱有降压作用。党参可提高中枢神经系统的兴奋度，提高机体活力。

　　党参属于桔梗科党参属，此属有多种，其中的党参这个种为传统中药，以

根入药，根肉质，白色。茎草质藤本，细长，多分枝，有疏毛。叶互生或间有对生，卵形，基部圆形，先端钝，全缘或稍波状，上面绿色，下面灰绿色，有疏柔毛、有乳汁、有气味。花冠宽钟状，直径达2.5厘米，淡黄绿色，有紫斑点，裂片5。蒴果圆锥形，有宿存萼。8～9月开花。

党参多分布于东北、西北及四川、河北、山西，多生于阔叶林下或山沟中土层厚而湿润之地。北京山区也多见。采党参时，有个经验可供借助，即它的茎藤有股刺鼻的气味。一年笔者在北京百花山于一白桦树下休息时，忽闻一股刺鼻气味，起身在附近一找，果见附近灌丛上有党参缠绕。

党参还有几个地道药材名：如产于东北者称东党，产于西北者称西党。野生于山西等地者称台党。山西为中国党参重要产地，所产者质量好，山西人工栽培的党参称为潞党，在全国各地党参中位列第一。

党参属的其他种在全国不同地区也作党参入药。

"党参"之名是由于原产于山西上党而根形似参而来。"党参"一名始见于清代《本草从新》。该书认为："按古本草云，'参'须上党者佳。今真党参久已难得……"其中所称"真党参"系指产于山西上党的五加科的人参。在五加科的人参日趋减少乃至绝迹的情况下，后人遂用其形态类似人参的药材伪充之，并沿用了"上党人参"的名称。原"上党人参"之名源于《本经逢原》，所指为党参而非真正的人参（见《本草药名汇考》）。

党参的最初发现无法考证，但有一则民间故事近乎神话，应非真事却很有趣：远在隋炀帝时，山西上党地区（今山西平顺县一带）一山村中有一户人家，家中仅有父子两人。一天夜里，他们听

党参

见屋后山林中有声音，有点像人在呼唤什么，随后一连几夜均如此。父子二人决定于晚上去查看一下情况。那夜月亮很好，山中如白日，他们循声去找，发现声音是由一株草发出的。父子二人在此留下记号，次日白天又去那地方，草还在，他们就挖掘那草，挖出一粗根，有点像人形。二人如得宝物，将之带回家。后来山上不再有声音了，他们挖的根，正是党参的根。

三、名药当归

当归入药，历史悠久，在《神农本草经》中被列为上品。查查传统的中药方剂，用当归的比例大，因此中医古籍中有"十方九归"之说。中医认为当归有补血活血的作用，治月经不调、功能性子宫出血、痛经、贫血、血虚头痛、血虚便秘等症，是妇科良药。

当归属于伞形科当归属，为多年生草本，有特异香气。主根肉质肥大，有多个枝根，外皮黄棕色。叶为2～3回羽状复叶。复伞形花序顶生。花小，绿白色。双悬果椭圆形，果的侧棱有宽翅。夏季开花。当归主要产于甘肃、宁夏、云南、四川等省，以甘肃岷县及其附近县区出产的为上品，称为"岷归"。因为当地海拔2500米以上，气候高寒阴湿，山区多云雾，宜于当归生长。

为什么叫当归？民间传说是，古代农村有一人家只有母亲和儿子、儿媳三人。儿子身强力壮，靠采药卖药为生。在离他家较远有一座高山，山上森林茂密，药草很多，但无人敢去采药，因为山上多猛兽，容易伤人。但这个青年不怕，执意要去此山采药。家人劝不住，只好同意他去。但双方约好，万一遇上困难，可以三年为期，至少三年内要回来。就这样，青年人上山了。可是一连三年均未归，在家的母亲和媳妇伤心极了，以为青年回不来了，媳妇因此得了贫血病，身体

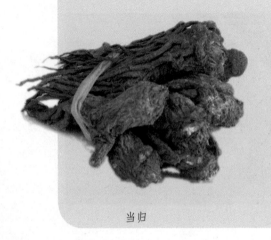

当归

变得十分虚弱。就在这危急之时，青年忽然回来了，带回了许多草药，当他知媳妇得贫血病时，就用一种草根熬汤让之服用。不久，媳妇病好了。大家认为此药是特效药，于是用唐诗中的"当归而不归"的当归二字作为药名。

当归属除两种为正品当归以外，还有其他种，在不同地区也作当归入药，如吉林省延边朝鲜族自治州以东所产的当归（延边当归），本种有肥大的根，也有特殊香气，叶1～2回三出复叶，复伞形花序，花小、白色，果的侧棱无翅，功效略与当归类似。

四、神奇的甘草

甘草的药用性能是清热解毒、润肺止咳，又有调和诸药的作用。治咽喉肿痛、咳嗽、脾胃虚弱，生食能解药毒和食物中毒。

甘草

甘草的成分是三萜皂苷甘草酸，为其甜味的成分。另外还含有甘草素、异甘草素、甘草苷等多种成分。

甘草为什么会对咳嗽有治疗作用呢？一般认为人口服甘草之后，甘草能覆盖发炎的咽喉黏膜，能减少对咽喉的刺激作用，从而止住咳嗽，对气管炎、咽喉炎、声音嘶哑和气喘均有疗效。但甘草不可多吃，因它有升血压的作用。

甘草属豆科甘草属，为多年生草本，茎高只有30～70厘米。根状茎呈圆柱状，主根很长，外皮红褐色至暗褐色。奇数羽状复叶，小叶4～8对，小叶卵圆形、卵状椭圆形，长不过5厘米，密生腺点和短毛。花序总状，花多，花冠淡紫堇色。荚果条状长圆形，弯曲，密生刺状腺毛。花期4～7月。

甘草分布于东北、华北和西北地区，尤以西北为多。喜生于干燥钙质草原及砂质地。在北京八达岭以北不远的干燥地带就可见到。

甘草名出《神农本草经》，又称甜草、甜根子、蜜草等。

上文曾介绍甘草有解毒的作用。有个民间故事：传说古代禹州市有个知名的中药铺。老板整天在店里照顾卖药生意，本来身体很好的，不料后来却好像病人一样，面色发黑，气色不对，人们出于关心对老板说，离这不远有一人家，有个郎中医术好，可请他来看看。药店老板就请来了这位郎中。郎中为之诊视后，就开了方子，方子极简单，仅用甘草200克用水煎服。老板服下后，次日又开方仍是甘草，但分量大到250克，又服下了，第三天再开甘草达到500克。如此服药三天，老板的病出奇地好了，老板对郎中感激不已，就问他自己患的到底是什么病？为什么甘草治好了他的病？郎中对他说，看你经营药店好长时间了，对药物炮制均亲自动手，保证质量，特别是什么药你都亲口尝尝。这样什么药都入过你的口，久之就中了百药之毒。要知道是药三分毒，你没在意，日子久了自然中毒。我用甘草是由于甘草能解百药之毒，所以你病好了，是甘草的功劳啊！老板听了连连称是，从此他就注意防药物中毒了，而甘草能解百药之毒也名声远扬。

作甘草入药的除上述种之外，尚有光果甘草，小叶较窄长，花较短小，荚果扁、毛少、无腺毛，分布于新疆；胀果甘草，小叶只有3~5个，边缘波状卷，果短、不弯曲、饱满、多无毛，分布于新疆、甘肃。黄甘草，无托叶，小叶椭圆形、下面有黄绿色腺点、有光泽，花较少，产于甘肃、新疆。

五、苦黄连为良药

大家知道民间有句习语，叫作"哑巴吃黄连，有苦说不出"，说明黄连是很苦的。但黄连却是良药，用黄连根状茎入药，有清热燥湿、泻火解毒的功效。黄连可治急性细菌性痢疾、急性胃肠炎，也治痈疖疮疡，治肠炎痢疾尤有特效。

黄连根状茎含多种生物碱，其中主要为小檗碱，又称黄连素，含量5%~8%，另含黄连碱和甲基黄连碱等。实验证明，黄连的小檗碱对痢疾杆菌、百日咳杆菌、伤寒杆菌、结核杆菌、金色葡萄球菌、溶血性链球菌、肺炎双球菌等都有明显的抑制作用。来自黄连的小檗碱（黄连素）已能人工合成。

黄连属于毛茛科黄连属多年生草本植物，高不过0.5米，其根状茎细长柱状，有分枝，样子像鸡爪形，有许多节，生须根多，外皮棕褐色，断面红褐色。叶基生，呈三角卵形，长达8厘米，3全裂，中央裂片有小柄；裂片菱状卵形，又羽状裂，边有锐齿，两侧裂片又不等二裂。花生于花葶上，花小，白绿色，组成聚伞花序，花瓣小，有蜜槽，雄蕊多，心皮8~12个，有柄、蓇葖果。

黄连主要分布在中国南方多省，如安徽、浙江、江西、湖北、福建、湖南、广西、四川、广东等省区，喜生山地森林下潮湿之地。现多有人工栽培。

黄连之名见于《神农本草经》，据李时珍云："其根连珠而色黄，故名"。因为黄连的根状茎有短而密的节间，其结节紧结成连珠状。

民间有关于黄连的故事：据说古代大巴山下有个郎中，出诊几天未回，郎中的女儿得了急病，上吐下泻，全身燥热，几乎不省人事。家中的帮工为此十分着急。他突然想起有一年曾从山林中挖过一种草，草的花绿白色而小，样子奇特，他小心栽在园子里。前些日子，他的咽喉疼得不好受，曾摘过这草的叶子入口细嚼，一连嚼几片叶以后，感觉喉部不疼了，虽然此草苦得要命，但后来咽喉痛好了。于是想此草会不会也可以治好郎中女儿的病？就挖一株小草，

黄连

煎汤让她试试看。郎中女儿喝了这药，明显病轻多了，又喝几次就全好了。郎中回家后得知此事，认为这草一定是泻火止痛的良药，十分感谢这位帮工救了他女儿的命，就以帮工的名字"黄连"命名此药。从此黄连之名传下来了，成了一味名药。

黄连属有许多种，在不同地区，也作黄连用。

三角叶黄连，叶三角形，根状茎不分枝，花瓣很窄，种子不育。四川西南部用此种当黄连用。

云南黄连，根状茎分枝少，花瓣匙形，上部钝圆，下部长爪状。在云南西北部和西藏昌都地区作黄连用。

短萼黄连，花萼短。在安徽、福建、广东、广西等省区作黄连用。

有名为"胡黄连"者，不是上述的黄连，而是属于玄参科的植物，也为多年生草本，也有粗长根状茎，可入药，有清热燥湿的作用。治目赤、黄疸、痢疾。

六、柴胡治感冒

柴胡是以根入药的，有和解表里、疏肝、升阳的功效，治感冒、上呼吸道感染、口苦干、头痛、目眩、寒热往来、肝痛等症。

柴胡的化学成分主要是柴胡皂苷、少量挥发油、脂肪油，油中含岩芹酸、岩芹地酸、亚油酸，还含柴胡醇、福寿草醇等。

柴胡属伞形科柴胡属，著名种即柴胡，又称北柴胡，为多年生草本，高达80厘米、根圆柱形、棕色，叶为单叶互生、叶片似竹叶、条状披针形、无叶柄、叶全缘、有平行脉7～9条，花黄色、复伞形花序，双悬果宽椭圆形、分果有5条主棱。

柴胡几乎遍布全国，分布区为东北、华北、西北和华东。

为什么叫柴胡？传说古代有一山村，有两户人家，一家姓柴，一家姓胡。两家各有一年轻人，柴家的叫柴哥，胡家的叫胡弟，二人都在同一地主家当长工，关系很好。一天胡弟忽然得了病，症状是忽冷忽热，一时无法医治，都说是瘟疫。地主知道了后，要赶走胡弟，柴哥十分气愤，跟了胡弟一起走了。柴哥扶着胡弟进了山，走不动了，就歇在林中。柴哥告知胡弟，他去找点吃的，叫胡弟不要动。柴哥走后，胡弟肚子饿了，就想吃点野草充饥，看见身边不远处有一种草，叶子狭长，极像竹子的叶子，他就拔这草，一拔就拔起来了。但见那草根比茎要粗些，长长的，外皮红

柴胡

棕色，有一股药味，心想不管别的，冒险吃吃充饥吧！一吃味道香，口感还不错，就吃了好些。不久，柴哥回来了，带回野菜、野果不少，两人吃了一餐野味。柴哥见胡弟吃野果有精神，就摸摸他的头，发现不烧了。胡弟告诉他，他走后，肚子饿了，拔了些野草根吃了，并指给柴哥看附近那种草。柴哥想可能是这种草治好了胡弟的病，就又拔了许多这种草回去了，并用它为老乡治同样的病，想起应给草起个名字，既然是柴和胡二人生死与共发现的，就叫它"柴胡"吧，从此柴胡之名传下来，并成了治疗感冒发烧的良药。

柴胡与别的药配合还可治许多病，如治寒热往来、心烦呕吐，用柴胡配黄芩、党参、甘草、半夏、生姜、大枣，水煎服。

柴胡属有许多种，大多可当柴胡入药，如陕西、甘肃、湖北等地用空心柴胡入药；广西、四川、云南用膜缘柴胡，东北用长白柴胡，西南多省用小柴胡，新疆用新疆柴胡，西藏用异叶柴胡，内蒙古和甘肃用双茎柴胡，宁夏用八伞柴胡，等等。

作正品柴胡（北柴胡）用的除柴胡以外，尚有一种狭叶柴胡，也称南柴胡或红柴胡。其茎上部呈"之"字形弯曲，分支多，叶条形、狭条形，很窄，宽不超过6毫米。分布在东北、华北、西北，南到四川、湖北、安徽。

七、枸杞好有趣

枸杞为药名，其原植物主要为宁夏枸杞，也称中宁枸杞。以其果实入药。《本草纲目》记载："枸杞久服坚筋骨，轻生不老，明目安神，令人长寿。"据历史记载，清末民国初期，有个中医药学者名叫李清云，是世界上著名的长寿老人，在他100岁时，曾因在中医药方面的杰出成就获政府特别奖励，仍常去大学讲学，这期间，他曾接待过许多西方学者的来访。据说他的长寿之道有三点：一是长期素食，二是心静、开朗，三是常年将枸杞煮水当茶饮。可见枸杞有一定的保健作用。

当年英、法医学家得此消息后，曾对枸杞进行过研究，发现枸杞含一种从前未知的维生素，称之为"驻颜维生素"。动物实验证明，枸杞能抑制脂肪在纤维内积存，促进肝细胞新生，又可降低血糖和胆固醇，对脑细胞和内分泌腺有激活和新生的作用，可增加荷尔蒙的分泌，清除血液中的毒素，维护身体各器官的正常功能。

中国应用枸杞历史悠久，并早知其有延年益寿之功。《神农本草经》言其"久服，坚筋骨，轻身不老，耐寒暑"。《药性论》曰："补精气诸不足，易颜色，变白，明目安神，令人长寿"。唐代诗人刘禹锡曾以诗赞枸杞，诗名《枸杞井》："僧房药树依寒井，井有清泉药有灵，翠黛叶生笼不愁，殷红子熟照铜瓶。枝繁本是仙人杖，根老能成瑞犬形，上品功能甘露味，还有一勺可延龄"。诗中肯定了服枸杞可延年益寿。

现代医家研究，枸杞可治高血压、糖尿病、白内障、肺结核、肝炎、遗精等病，凡老年眼花、神经衰弱、体虚腰酸者可服枸杞，有明显疗效。

化学成分分析表明，枸杞含甜菜碱，有几十种甾醇类化合物、16种微量元素、多种维生素、3种脂肪酸、16种氨基酸，还含蛋白多糖，可补虚扶正，有抗衰老之功，能提高机体抗肿瘤的能力，提高人体免疫力。

枸杞自古便为良药，历史悠久，因此民间还有枸杞的传说故事。据说古代有个人路上碰见一个年轻女子，看上去仅十多岁，正在追打一个老者，就上前去打听怎么回事。那姑娘说，我这是打我的曾孙，他不肯多吃家中的饭食以致这么年轻就衰老了。此人听之觉得奇怪，问姑娘吃什么长寿？姑娘告之说吃枸杞的果实，还吃它的叶和花，也吃它的根。此人才知枸杞是长寿的药。这故事显然非事实，但仍能看出古人认为枸杞为长寿之食物。

枸杞

枸杞属茄科枸杞属，以宁夏枸杞为上品。此种为灌木，高达1.5米，枝有刺；叶卵状披针形，长2～3厘米，全缘；秋开花，花冠漏斗状，淡紫红色，有条纹；浆果味甜，卵圆形，长1～2厘米，红色。果入药称枸杞子。分布于西北地区，山西、内蒙古也有。生于黄土沟岸及山坡、土层深厚处。

另种植物名叫枸杞，较上种矮小，叶稍小，花紫色，浆果稍小，长1～1.5厘米。此种分布广。9～10月间果熟。

八、金银花的故事

金银花是抗菌消炎的药，它含有木犀草黄素、葡萄糖苷，还有皂苷及肌醇等成分，有抑制金黄色葡萄球菌、溶血性链球菌、痢疾杆菌、大肠杆菌、肺炎双球菌等的作用，对流感病毒有抑制作用。中医认为金银花有清热解毒、通筋活络的功效，治外感发热、咳嗽、肠炎、痢疾等症。

金银花属于忍冬科忍冬属，为多年生木质藤本，以其花蕾入药。叶对生，经冬不落，故名忍冬。夏初开花，花对生叶腋，花冠长3～4厘米，呈二唇形，上唇4裂，下唇不裂，如手掌直伸。浆果球形，较小，熟时黑色。

为什么叫金银花？《本草纲目》云："花初开白色，经一、二日则色黄，故名金银花"。其茎藤称"金银藤"，另还有"双花藤"、"鸳鸯藤"等多种名称。"忍冬"之名始载于《名医别录》，书中将其列为上品药。

金银花有民间故事。《墨庄漫录》一书记载，宋代崇宁年间，平江府天平山白云寺有几个和尚。一天，和尚们在山里采到不少蕈子（蘑菇类），回到寺里，就煮了当菜吃了，岂料这蕈子有毒，和尚们都呕吐起来。庙里没有医生，和尚们万急之下，为求活命，有3个人把庙墙上的金银藤（又叫鸳鸯草）采来生吃了，过了一会，他们不呕吐了，好了，另几个和尚不愿意吃鸳鸯草，结果都丧了命。

还有一个故事带神话色彩：从前有个山村，有一对夫妇生了双胞胎，都是女孩。父母十分高兴，给她们起名金花和银花。时光飞逝，双胞胎姐妹一转眼到了18岁，长得如花似玉，说媒的人很多，可这对姐妹都不愿出嫁，且立誓二人同生共死不分离。做父母的也没办法。有一年，金花得了病，高热不退，卧床不起，请郎中来看之后，郎中说是热毒症，没有特效药，恐怕只能料理后事

金银花

了。银花呢，整天守在金花床边哭。金花劝银花说，快走吧，我这病会传染人的。可银花说我们发过誓的，同生共死不分离！几天后银花也得了同样的病。她们对父母说，"我们的病看样子好不了了，我们二人愿意死后变成专治热毒病的药草，让后人不再得这种病。"乡村百姓闻此深受感动，二人离世之后，乡亲们将姐妹二人合葬一处。转眼到了春天，百草发芽时，这姐妹俩的坟上不长草，却生出一根藤子来，藤上有椭圆形的绿叶。夏天开花了，有黄色、白色两种，令人生奇，乡亲们记起金花、银花

生前的话，就明白了，这黄花、白花是金花、银花两姐妹变的，便以这两种花为乡亲们治热毒症，果然效果好。因此人们就叫这种花为金银花，这藤子为金银藤。

瑶族乡摘金银花的花瑶族妇女

忍冬科忍冬属在中国有100多种，分布广。除了上述的金银花以外，还有一些种分布在全国不同地区，也作金银花入药，如山银花，花序圆锥形，顶生、花多，与金银花成对生叶腋明显不同。但山银花的花入药，效用类似金银花。使用地区为广东、广西、云南。腺叶忍冬的花冠管细长，叶下面密生橘红色腺体。湖南、广东、广西以此种花作金银花入药。硬毛忍冬，全株密生硬毛。花冠管基部外侧有短矩状突出。此种的花在新疆作金银花入药。

九、何首乌、白首乌

何首乌以其块根入药，有补肝肾、益精血、养心安神的功效，治神经衰弱、贫血、须发早白、头晕失眠、盗汗、血胆固醇过高、腰膝酸痛、遗精等症。

何首乌的块根含卵磷脂及蒽醌衍生物，以及淀粉、脂肪等。

何首乌属蓼科蓼属，为多年生草质藤本。地下有块根，质硬而重。茎缠绕性，上部分枝多，叶心形至狭卵形，长达7厘米。圆锥花序顶生或叶腋生，花小而多，白色。花被片5，外3片有翅。瘦果卵形，有三棱，黑色有光亮。分布广，以南方为多。生山地林下或山坡石缝中。

从何首乌之名可知此药能乌须发，据说治少白头有效。

关于何首乌之名，其来源有多种传说。宋代《图经本草》记载，唐代时，有个叫何能嗣的人，患不育症，58岁了，仍无子女，身体虚弱。一天他睡在山林间，忽见不远处有两根藤子互相交缠，缠了后又分开了，分开后又相交。他感到奇怪，于是将这藤子连根挖出，带回家去问乡人，无一人知此为何物，他

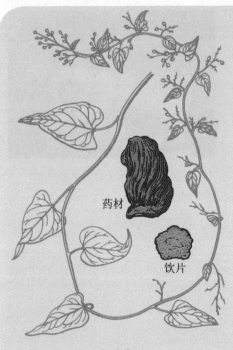

药材

饮片

何首乌

想可能为仙药，就用其根研末服用，每天服一次，经数月后体力大为好转，头发原本是白的，却变为黑色的了。十年之内竟生子数人，其子活过100岁，其孙名叫"首乌"，也活到100岁，而且头发乌黑。何首乌的好友照此服药，也活到100多岁。这事在百姓中广为流传，人们就叫这药为"何首乌"。据查唐代李翱曾写了《何首乌传》，其内容大致如上。

另一个传说是说古代有个姓何的樵夫，在山林中口渴找水喝。他见一人家门口有个老者在哭，听老者说，被父亲打了。樵夫奇怪，他父亲还在世？进屋里一看，但见堂上还有个老人，一打听此老人已有100多岁了，身体十分健壮，而门口坐的老人也有100岁了。樵夫看堂上老人头发乌黑，就问老人平时吃的什么？老人说屋后一水池边有一根藤子，就吃这藤的根、饮这池的水，樵夫想这藤子定是长生药，就征得主人同意，挖了些带回去。此后挖根为自己的母亲治病，母亲的头发也变黑了。由于此药有乌发功能，就叫它"首乌"，由于樵夫姓何，后人又叫此药为"何首乌"。

所谓白首乌指的是另外的植物，为萝摩科鹅绒藤属的植物，也是藤本，但有乳汁，地下也有块根。其功能是块根入药，有安神补血的作用，治体虚失眠、健忘多梦、皮肤瘙痒。产地为河北、辽宁、山东。

鹅绒藤属还有另外的种的块根也作白首乌入药。如飞来鹤，在江苏、浙江一带用之；隔山消，在东北延边地区用之；青洋参，在湖北和云南部分地区用之。

何首乌的藤子也入药，有养心安神之功，治神经衰弱、失眠、多梦、全身酸痛，外用治瘙痒。

　　需要说明的是，过去曾不止一次有报道说，某地药材市场出售一对人形何首乌，一对是指两个何首乌的块根皆呈人形，且一男一女，有头、身子、双手、双脚，且女性的何首乌，充分显出了女性人体特征。让路人惊奇赞叹，甚至愿出高价购买。实际这种人形何首乌不是天然生成的，而是人工造的，方法是先做个模子，雕成男、女人形，然后放入一种叫薯蓣（又称山药）的幼嫩块茎，埋入土中，上面有带叶藤子，山药在模子中成长，终至充实了模子，模子将山药块茎塑造成了人形，然后再取出来，就成了一对人形何首乌了。造假的人还在人形何首乌上部插入真正何首乌的茎，拿到药市场去出售，以假乱真。

十、百合润肺药

　　百合在中药里是润肺的药，而且能止咳安神，治肺结核咳嗽及神经衰弱。

　　百合以鳞茎入药，它含蛋白质、淀粉、脂肪及微量秋水仙碱。

　　百合的鳞茎也是食物，在超市中可买到干燥了的鳞茎上的鳞叶，呈白色。

　　百合属于单子叶植物中的百合科百合属。此属全部有80多种，中国有30多种。其中作药又作食物的名种为百合，为多年生草本植物，比较粗壮，高可达1.5米。地下鳞茎由许多片肥厚的白色鳞叶组成，上部开花呈荷花状，直径达5厘米，下有须根。茎无毛，有斑点。叶互生，无叶柄，叶片披针形，长达15厘米，宽达2厘米，有5条平行叶脉。花颇大，有浓香，常单生茎顶，花被呈漏斗状，白色，背部带褐色，有6个裂片，向外伸展并稍反卷，长达20厘米，雄蕊6个。蒴果有多种子。

　　百合名字的起源有民间故事。传说海边有个渔村，忽然一天来了一群海盗，抢劫了渔村，还将妇女、小孩抢走，用船运到一海岛上。海盗又出海去抢劫别的地方，结果遇到飓风全部葬身大海，无一生还。留在海岛上的妇女儿童先是吃海盗抢来的食物，不久吃光了，面临断粮的危机。情急之下，妇女们带了孩子去海岛各地采野菜、野果充饥，有时在海岸边捉点鱼虾。一天，这些人

百合

在一灌木丛下，看见一种草，茎上叶狭长，开了好看的花，她们惊奇不已，就挖这种草，出乎意料的是此草地下有个圆球形的东西，白色肉质，有点像大蒜。大家将它洗干净，一尝还有点甜味呢！放锅里煮一煮更好吃。于是到处找，又找到不少，并且奇怪的是吃了这种东西，本来虚弱的身体变好了，因此认为这是一种既能代替粮食又能治病的草。次年，一条大船到岛上采药。船上的人见到妇女儿童们十分奇怪，妇女们便将原委告知。船长问她们怎么活下来的？妇女们告知是靠吃一种圆形东西活下来的。船长认定这是一种有营养的野草，就挖了一些，准备带回去种植。可是没人能叫出它的名字，船长发现妇女儿童们正好100人，此药是她们共同发现的，那么就叫它"百合"吧！从此百合的名字流传下来。

在野生的百合属种类中，各地还有用不同种作百合入药的。如山丹，叶窄披针形，稍弯。花鲜红色，下垂，花被片反卷，鳞茎长圆卵形或圆锥形，北方山区多见，生林下。卷丹，叶较宽，叶腋有圆形块状珠芽、紫黑色，花橙红色，有紫黑色斑点。鳞茎较大。分布于华北、西北至南方达西南区。西北百合，叶密生，细长，达10厘米；花火红色，离生，反卷。甘肃、宁夏以之作百合入药。细叶百合，叶稍宽，不弯曲；花红色，花被片不反卷，无斑点；鳞茎卵球形。分布于河北、山东、河南等省。还有一变种叫有斑百合，花被片内侧有紫色斑点，作百合与原种同入药。

十一、夏枯草名副其实

夏枯草是一种清热散结的药，主治淋巴结核、甲状腺肿，也治目赤肿痛、肺结核、痈疖肿毒等症。

夏枯草的花穗含夏枯草苷，叶含金丝桃苷芦丁，种子含脂肪油、解脂酶，全草含挥发油及维生素B_1。

夏枯草为唇形科夏枯草属植物，多年生草本植物，高仅30厘米，全株有白色细毛，根状茎匍匐生；叶对生，叶片椭圆披针形，下部叶有叶柄，上部叶柄短或无柄；春末夏初开花，由轮伞花序密集组成顶生穗状花序，长不过5厘米，外形像个棒槌，花冠唇形，紫色或白色。

夏枯草在花穗枯黄色时即应采收入药。

夏枯草分布广，南方多，东北也有分布，常见于路边草地。

夏枯草之名顾名思义，春天开花，到夏天就枯萎了。因此采之入药，要抓住时机。

《神农本草经》收入了本草："夏枯草，味苦辛寒，主治寒热瘰疬，鼠瘘头疮，破症，散瘿结气，脚肿湿痹，轻身，一名'夕句'，一名'乃东'。生川谷。"

夏枯草有传说故事：从前有个书生，他的母亲忽患瘰疬病（即淋巴结核），脖子肿大、疼痛难忍，多方求治未果。一日，来了个郎中，看见此情况，就对书生说："附近山上有一种草，很多，花穗紫色，草不高，一长一片，你去采回来便可治好母亲的病"。书生不认得此草，正发愁时，郎中说："还是我去采好了"。郎中去了不久，果然采回这种草。书生将之熬汤让母亲喝下，连喝几次，脖子居然好了。书生感谢郎中之恩，留他在家多住些日子。书生和

夏枯草

郎中常谈治病之术、之道。郎中对书生说；"这草是治你母病的特效药，它开

紫色花，你要记住的是，它开花时短，一过夏天就没有了，要及时采集。"又过了一年。当地一个财主的夫人也得了这种病，得知这书生曾治好了母亲同样的病，于是找书生求救。书生满口答应了。财主派人随书生上山采药，可是在山上找了好久也不见此草，书生莫名其妙。财主认为书生骗人，欲告官治罪。正好郎中又来了，当郎中知道情况后，就对书生说："我曾经告诉你此草一过夏就枯死了，采不到了"。书生才恍然大悟，为了不忘此草生长时期，就叫它"夏枯草"。从此此名就传下来了，成为名药。

与夏枯草同属不同种的粗毛夏枯草，样子也像夏枯草，但粗毛夏枯草的茎和叶上都有密生的粗白毛，其花穗较短而不同。在云南、西藏等省区作夏枯草入药。

十二、价廉物美益母草

益母草是妇科良药，其来源是一种数量多的野草，价廉物美，以全草入药。

益母草有活血调经、祛瘀生新、利尿消肿的功能，主治月经不调、产后腹痛瘀血、肾炎浮肿等症，尤治月经不调，故有妇科良药的美誉。

益母草全草含生物碱，益母草碱有收缩子宫的作用。另含水苏碱、益母草定等成分。

益母草属于唇形科，为一或二年生草本植物，高可达1米多，茎四棱形；叶对生，初出基生叶，待茎长成基叶已枯，叶片有柄，近圆形，有裂，裂片有齿，茎上部叶不裂，呈条形；花多而较小，轮伞花序叶腋生，花冠唇形，粉红或紫红色，雄蕊4个；小坚果三棱形。6～8月为花期。

益母草分布全国各地，多生于山野地带，在较润湿之地多见。就北京地区而言，此草秋冬之际即已发芽，初出叶圆形、有裂，但不抽茎，需越冬后，于次年春气温升时恢复生长，抽茎出茎叶，开花结实，直到八九月间才衰落。此草好认：茎四棱形，叶对生，花冠唇形、紫红色，4个雄蕊，果实为4个小坚果。

益母草的果实也入药，名"茺蔚子"，其效果同全草，活血调经、清肝明目。主治眼赤肿疼、高血压。其成分为生物碱茺蔚宁、脂肪油。秋季采果实。

益母草名见《本草图经》，它的别名特别多，为"同物异名"的典型例子，如益母艾、红花艾、益母蒿、野天麻、四棱草、坤草、月母草，等等。《诗经》中称其为"蓷"；《尔雅》中称其为"萑"。一般习称益母草。

益母草的名字来源历史悠久，有一则民间故事讲到这名字的起源。古代时，某村有个妇女，身边仅有个十几岁的儿子，母子相依为命。母亲生这儿子时，由于调理不好，留下瘀血腹痛的毛病，时好时犯，儿子则天天上山打柴换点钱为母亲治病，但效果不明显。一个郎中见到这母子，问诊后，就对这儿子说，我能治你母亲的病，不过要拿钱才成，儿子答应了，于是那郎中就出去采药，这儿子是个聪明人，他悄悄跟在郎中后面，去看他采什么药而又不被郎中发现。只

益母草

见郎中在一片高高的开紫红小花的草丛中割草，不一会儿割了一把就往回走，儿子赶紧先回了家。待郎中带回药草时，儿子按价付了钱。郎中叫他将此草用水煎服，日服三次，过两天再来看。儿子用之煎水让母亲服用，三次下来，病好多了，于是儿子出去到那郎中采草的地方又采了一大捆，连日煎水让母亲服用，母亲的病全好了。待那郎中再来时，儿子和母亲都告知他病好了，郎中无奈而去。儿子认为此草治母亲的病显奇效，救了母亲的命，就叫此草为"益母草"。

另外，还有一种益母草，与前种同属不同种，名叫大花益母草，不同处为大花益母草茎的上部叶不全缘而有裂，为3全裂或深裂，花较大，长达2厘米，花冠上唇长于下唇。生于山地，比前种少一些，分布范围也窄些，分布于东北、华北及陕西、甘肃，也可作益母草入药，所含化学成分也差不多。

十三、知母的传奇

百合科植物中有许多种是中药的原植物，如百合、黄花、麦冬、贝母、黄精、玉竹、知母等。其中知母这种药不太常见，却极有名。

知母属于知母属，本属仅此一种。产于中国北部，是一种多年生草本植物。地下有肥大的根状茎、横生。外表密生许多黄褐色的呈纤维状的残叶基。下部生许多粗壮的根。叶基部丛生，细长，呈茅草状，质地较硬，长达70厘米。开花时于叶丛中生出直立的花莛，高达1米，有无数鳞片状的苞片，花2～3朵丛生，稀疏分布于花莛中上部，集成长穗状，花白色或淡紫堇色。蒴果长卵形。

知母分布在东北、华北、西北等地区的多省区，山东也有。生长在山地旱地向阳处或丘陵地带。北京山区有分布，也有栽培。

知母以根状茎入药，有清热除烦、泻肺滋肾的作用，治热病高烧、口渴烦躁、肺热咳嗽、大便干燥等症。

知母的根状茎含多种甾类皂苷，如知母皂苷A_1、A_2、A_3、A_4、B_1、B_2等，又含多量黏液汁和烟酸，还有氧杂蒽酮C-葡萄糖苷。

药理实验证明，知母对多种病菌如溶血性金色葡萄球菌、肺炎双球菌、伤寒杆菌、痢疾杆菌等均有较强抑制作用。

知母名出《神农本草经》，历代本草均收载。《本草纲目》对"知母"名的解释为："缩根之旁，初生子根，状如蚳之状，故谓之蚳母，讹为知母。"知母的根状茎被毛似虫体，根芽初生似虫足，故得之名。

关于知母这种药，民间有故事：从前有个孤身老太婆，懂得不少中药知识，早年靠采药为生。她为人善良，常常将药送给穷人治病。她担忧无人继承自己的医药之道，以后没人为百姓治病了。于是她放出话："谁认我为妈，我将教他医药之道。将自己宝贵的知识传于他。"这时有个人想，学会了认药治病，就可以走升官发财之路。于是他对老太婆说，他愿学医药之道，并请老太婆住进他家，叫她为妈。过了好多天，这个人见老太婆并未提医药之事，就问什么时候教他学药。老太婆说，等两年再说，那人听了不耐烦地说："你走吧！"老太婆就走了。

不几日又有个商人招呼老太婆，要认她为妈。也接"妈"入住自己家，一个月之久也不见老太婆教他学药，就问要等多久。老太婆说，再等两年吧，商人也不耐烦了，老太婆又走了。不几日有个砍柴的农人请老太婆入住自己家，喊老太婆为妈。老太婆说，我一生穷苦，你养我，我报答不了你呀！砍柴的人说，我们都是苦命人。不图报答，我有吃的，决不会饿你！从此砍柴人把老太婆当亲娘看待，照顾得很好。老太婆也帮他做点家务。砍柴人的媳妇、儿子都无怨言，一家人过得十分和谐美满。如此两年之后，老太婆对砍柴人说："带我上山看看！"砍柴人背了老妈妈上山，东走西走，毫无怨气。当到了一片山坡草地时，老太婆叫停下休息。下来后，她指着草地上一丛有条形长叶子的草对砍柴的人说，你挖开此草周围的土。砍柴人真挖了，挖出一根粗的长着黄褐

知母

毛的根，就问：老妈妈，这是什么草？老太婆说："是好药草，可治肺热咳嗽。孩子，为什么我今天才教你认药，你知道吗？"砍柴人说："妈是要找老实人才教，不老实的人教了后，他会用之去自己发财，不为人治病。"老太婆说："你说对了，你是我要找的人，是好人，算你知母亲的心啊，那就叫这草为'知母'吧！"老太婆又教砍柴人认了好多种药草。从此砍柴人跟老太婆学起医药来，并无私地为百姓治病。

十四、仙鹤草的动植物复名

仙鹤草的全草有收敛止血、消炎止痢的作用。治呕血、咯血、便血、尿血、功能性子宫出血，还可治痢疾。

仙鹤草全草所含化学成分为仙鹤草素、仙鹤草内脂、黄酮苷、维生素C、维生素K_1和挥发油等。仙鹤草素为止血重要成分。

仙鹤草为多年生草本。高达1米以上，有横走的根状茎。茎直立，上部分枝，有毛。奇数羽状复叶，互生，小叶7～21片，大小相间排列，对此特点有个顺口溜曰："大叶大，小叶小，就是仙鹤草"，能帮助记忆这一特征。顶生小叶大，椭圆状卵形，边缘有齿，下面有金黄色腺点。总状花序顶生，花多、小，花瓣5，黄色，易脱落。果小，果外萼筒有沟和软钩刺。

仙鹤草名出《伪药条辨》，又称龙牙草（《本草图经》）。其别名从古至今还有几十个。

为什么叫龙牙草？因本草地下根状茎上有白色的芽，形似狼牙而名狼

仙鹤草

牙草。龙牙草是狼牙草的转音，此类名称实由象形而来。有时又写作龙芽草，将"牙"写为"芽"更接近植物器官"芽"之意。如《救荒本草》一书就写作"龙芽草"。

至于仙鹤草之名，也许是由于本草全株有白色疏生的柔毛，顶生花序又长，以象形而名之。但仙鹤草之名在民间还有个神话故事：据说古时有两个文人进京赶考。半路走入一片沙荒地，两人热得难受，既渴又找不到水，附近不见人家。由于干燥，一个人的鼻孔流血了，两人都慌了，怎么办？正在此时，他们忽见一只仙鹤从天上飞过，嘴里有一根草。这两人见之感到惊奇，想起鹤嘴中的青草可以解渴，就对鹤说，把你嘴里的草丢下来让我们解渴吧。他们这一喊，鹤吓了一跳，嘴一张草掉下来了。他们赶快拾起这根草，入口细嚼，顿感嘴里滋润，不渴了。过了一会儿，鼻血也不流了。他们十分高兴，进京参加考试，都考中了。后来再去找到这种草，经郎中检验，它有止血的功能。他们为了感谢送药草的鹤，认为它是仙鹤，就将这种草叫作"仙鹤草"。

仙鹤草的地下部分即根状茎的先端，在冬天地上茎枯萎时，根状茎会生出一冬芽。白色，圆锥形，向上弯曲。这芽也可入药，有驱虫的作用，治绦虫病。冬芽所含的重要成分为鹤芽酚。

与龙牙草同属的另种名叫黄龙尾，实为龙牙草的一个变种，特点是小叶两面密生棕黄色长毛，下面毛特密，呈绒毛状，使叶背呈灰白色或灰黄色。分布于山东、湖北和云南省，也作龙牙草入药。

十五、莱菔子有奇效

莱菔子又称萝卜子，是萝卜的种子，可入药，有化痰消食、下气定喘的功效，治胸腹胀满、食积不化、气滞作痛、咳嗽痰喘及下痢等。

莱菔子主要含芥子碱、脂肪油，油中含有芥子酸甘油酯。

莱菔属于十字花科萝卜属，为一或二年生草本植物。地下块根肥厚、多汁，为著名蔬菜。茎高达1米；叶互生，叶羽状裂，顶裂片大；总状花序顶生，

莱菔子

花白色或带紫堇色，花瓣4，十字形列，雄蕊6；果为长角果，有种子数粒。

莱菔（萝卜）为广泛栽培的作物，以块根作蔬食。莱菔子之名出于《本草衍义补遗》，萝卜子名出《日华子本草》，此外还有很多别名。莱菔一名出自《新修本草》。据《本草纲目》："莱菔乃根名，上古谓之芦，中古谓之莱菔，后世讹为'萝卜'。"

十六、牛膝强筋壮骨

牛膝这种药如用酒制，可补肝肾、强筋壮骨，如果生用可散瘀血、消肿痛，治咽喉疼、高血压、跌打损伤。

牛膝的化学成分有皂苷、甾类化合物牛膝甾酮及促脱皮甾酮等。

牛膝属于苋科牛膝属，以根入药。为多年生草本，高可达1米以上，主根粗壮，呈圆柱形，土黄色，茎四棱；叶对生，有柄，叶片椭圆形、椭圆披针形，长可达12厘米，全缘；于秋季开花，花小、黄绿色，组成顶生穗状花序，花开后平展或下垂，苞片有芒，小苞片针刺状；胞果矩圆形，长仅2.5毫米。

牛膝分布几遍全国，也有人工栽培。河南怀庆栽培的称怀牛膝，品质好。

野生的多生于山地林缘。

牛膝之名出自《神农本草经》。《本草经集注》云："其茎有节，似牛膝，故以为名。"《本草纲目》云："'膝'《本经》又名'百倍'，隐语也。"言其滋补之功如牛之多力。其叶如苋，其节对生，故俗有山苋、对节之称。

牛膝历史悠久，其故事也很有趣。据说从前有个郎中，医道很高，可是膝下无儿无女，也无夫人。为了方便行医，收了三个徒弟，徒弟学医倒是都很刻苦的。后来郎中老了，无力再进山采药，也无力出门行医了，就对三个徒弟说："我已经老了，不行了，你们的医术已可以独自行医了，就各奔前程吧！"这时大徒弟想老郎中可能一生也积了些钱财，他无子女，如果我接他去我家住，他的财产自然应归我了。郎中高兴地到了大徒弟家，生活过得好，但久之徒弟发现老郎中并无积蓄，于是渐渐地不耐烦起来。老郎中看出了徒弟的心事，就主动要求去二徒弟家。二徒弟比大徒弟更刻薄，住了几天，老郎中看看不行了，就去了三徒弟家。三徒弟为人忠厚老实，他想老郎中平时对我们徒弟很好，我们学会了行医，更重要的是老郎中行医时，医德高尚，深深感染了自己，如今他老了，无儿无女，我应好好对待他，就十分认真地服侍老郎中，让他愉快地安度晚年。不久老郎中卧床不起，将三徒弟叫到床前说："我这里有一种药，是补肝肾、强筋壮骨的良药，祖传秘方，现在就传给你吧！"说罢不久，老郎中就去世了，小徒弟为之安葬。后来他靠这药，治好了不少人的病，成为医德高尚的人。可这药当时老郎中没说名字，小徒弟细心看了一下，那草茎上一节一节的，节部如牛的膝骨一样，于是形象地叫它"牛膝"。

与上种牛膝同属不同种的狭叶牛膝，叶窄，狭长披针形，宽仅0.5～3.5厘米；其根呈簇生状。在陕西、四川、贵州地区，也作牛膝入药。

川牛膝属苋科杯苋属，与上述牛膝不同属，也为多年生草本，主根长圆柱

牛膝

形，粗壮；叶对生，叶片长椭圆形，宽不超过5厘米，上面密生倒伏糙毛，下面有密长柔毛；花序头状，多头有间距。花小。川牛膝以根入药，治风湿腰膝疼痛。

十七、辛夷治鼻塞

辛夷的花蕾入药，有祛风、散寒、通窍的作用，治头痛、鼻塞、鼻窦炎、过敏性鼻炎等。

辛夷花蕾含挥发油，挥发油的主要成分是枸橼醛、丁香油酚、桂皮醛、桉油精等。

辛夷属于木兰科木兰属，又名木笔花、木兰、紫玉兰。为落叶灌木，高达5米，树皮灰白色，芽有细毛。单叶互生，叶片椭圆卵形或倒卵形，长达18厘米，宽达10厘米，先端急尖，全缘，上面密生短柔毛。花蕾被黄绿色长毛、花单生枝顶，花被片9，3轮，每轮3片，最外轮黄绿色，较小，余2轮矩圆倒卵形，较大，外面紫红色，内面白色。聚合果长圆形。

本种春季先叶开花，有时与叶同放。主要分布于华东多省及四川，多人工栽培。

辛夷

关于"辛夷"之名，有个传说：从前有个文人，患鼻子不通气之症，常流臭鼻涕。他在一所学校教书，由于鼻子臭，好多学生都受不了，不来上课了。他四处求医未成，正苦闷时忽来一郎中，问明情况后就对他说："你的病是可以治好的，但一般人无能为力。你这鼻子病最好找少数民族中的夷族郎中治，他们有办法"。教书先生一听有法治，于是就跋山涉水到了夷族聚居地。说明来意后，有位夷族郎中说可以治，让他去山上找一种不高的树木，此时正开花、花紫色，摘几个它的花蕾来。他找到了这树，采了不少花蕾。郎中告知他用花蕾煎汤服用，还可晒干研末后塞些入鼻孔。教书先生一一照办，没过几个月病就好了。

教书先生谢了夷族郎中后，又带了好多这树的种子回家，种于自己的园子里，不几年种子发芽，长成了一片林子，他用其花蕾为与自己患同样病的人进行诊治，都一一治好了，群众高兴之余，问他这是什么药？叫什么名字？他这才想起忘了问夷族郎中了，他毕竟是有文化的人，灵机一动，想自己姓"辛"，自己的病是夷族郎中治好的，为了纪念夷族郎中，就叫此药为"辛夷"。

与辛夷有同样功能的另一种植物为玉兰或名白玉兰，玉兰与辛夷同属于木兰属，春天也先叶开花，花白色；叶倒卵形，先端较宽，有突尖。江苏、浙江等南方多省有分布，北京多栽培。

在西藏，是以滇藏木兰的花蕾作辛夷入药的。

另有望春玉兰或名线萼辛夷的种，其萼片窄，呈条形，花白色。其花蕾在陕西、河南、湖北、四川等省也作辛夷入药。

应注意，有一种在中国栽培多的荷花玉兰，又称广玉兰或洋玉兰，是引自美国的种，叶革质，有光泽、厚，下面多锈色短毛。花白色为常绿乔木，其花蕾不作辛夷入药。

十八、鱼腥草有鱼腥味

鱼腥草这种草可能北方不太常见，而在南方却是很普通的野草。鱼腥草全草入药，有清热解毒、利水消肿的作用，治扁桃体炎、肺炎、气管炎、泌尿系统感染、肾炎水肿、肠炎、痢疾，外用还治痈疖肿毒。

药理实验证明，鱼腥草抑菌作用强，对溶血性链球菌、金黄色葡萄球菌、肺炎球菌、痢疾杆菌、伤寒杆菌等均有较强抑制作用，对流感病毒也有抑制作用。

鱼腥草的化学成分为挥发油，油中含甲基正壬酮、香叶烯、癸酸、葵醛、月桂醛。鱼腥草的腥气是由于癸酰乙醛及月桂醛等成分造成的。

鱼腥草名出《履巉岩本草》。它还有多种别名，如蕺（《名医别录》）、臭腥草（《泉州本草》）、蕺菜（《中国植物志》）等。

鱼腥草属于三白草科蕺菜属。多年生草本，有腥味，根状茎白色，直立茎紫红色，高在50厘米以下；单叶互生，叶柄基部抱茎，叶片心形，全缘。下面紫红色，无毛；花序穗状顶生，总花梗上部有白色总苞片4个，倒卵矩圆形，花小而多，无花被，雄蕊3个，雌蕊由3个合生心皮组成；蒴果。

鱼腥草

鱼腥草广泛分布于长江以南地区，也有人工栽培的。

关于鱼腥草的传说十分有趣。从前有个三口之家，家中有老母亲、儿子和儿媳妇。老母得病，高烧咳嗽，遂请郎中开药治疗，但总好不了。她的

鱼腥草

儿子、儿媳不耐烦，不孝顺。母亲忽然想喝口鱼汤，告知儿子后，儿子反而说："人都快死了，没鱼汤！"。邻居人好，送了条鱼来，让这儿子、儿媳煮鱼汤给母亲喝。哪知儿子和媳妇自己把鱼吃了，连一口汤也不给母亲喝。他们为了掩人耳目，就去野外采一种有鱼腥味的草，用之熬汤，冒充鱼汤给母亲喝。母亲喝了一次，觉得很舒服，又再要。这下儿子不反对了，又再给。几次下来，母亲的病居然好了。从此方知鱼腥草是解热、消炎的良药。

鱼腥草自古即为名药。现代医药家对鱼腥草进行过深入研究，特别是对它的抗菌性能进行了实验。在1979年对越自卫反击战中，一战士受重伤，是靠野地的鱼腥草充饥而活下来的，鱼腥草不仅解决了他食物缺乏的问题，还防止了他伤口的感染。此草有强心、调整血压、预防脑坏死及使毛细管血液通畅的作用。

十九、退烧药——芦根

芦根是芦苇的根状茎，它作为药是不容易想到的。《中药大辞典》中记载它的功效为清热、生津、除烦、止渴，治热病烦渴、胃热呕吐、噎膈、反胃、肺痿、肺痈。

芦根含蛋白质、脂肪、碳水化合物、薏苡素、天门冬酰胺、蔗糖、纤维素、维生素B_1、维生素B_2、维生素C等。

芦苇属于禾本科芦苇属，多年生草本。茎秆高达2～5米。地下有匍匐根状茎。节间中空，比较粗，叶两列，有叶鞘，叶片灰绿色或蓝绿色，条状披针

形，长可达50厘米，宽可达5厘米；顶生大形圆锥花序，小穗暗紫色或褐紫色，颖果长圆形，9～10月开花。

芦苇分布几遍全国，生于河岸、池塘及沼泽中，往往成大片，因地下根状茎繁殖快的缘故。

关于芦苇之名，据《本草纲目》："苇者伟大也。芦者，色卢黑色"。由于芦苇生浅水中，色暗绿近黑，故作"卢"。《尚书文侯之命》孔传："卢，黑也。"

关于芦根之退热，有个民间故事：从前南方某地有个开药铺的人，很会经营，又由于当地

芦苇

只有他这一家药店，因此方圆百里的人，都到他家来买药。有户人家的孩子发高烧，家长到了这药店买药，药店老板说发烧可吃羚羊角。这药很贵，孩子家长买不起，药店老板也不减价。在走投无路的情况下，忽然遇见一个老者。当他知道情况后，就说退烧可以不用羚羊角，另有药不花一文钱。孩子的家长听了还不太相信，就问什么药可不花钱啊？那老者告知到水塘边挖些芦苇的根就行。孩子家长挖回了芦苇的根，煎汤给孩子喝了，几次下来，孩子的高烧果然退了，家长非常感谢老者。从此，那里的百姓凡有发烧者，就用芦苇根来治，这解决了很多贫穷人家的医药问题。

芦苇除根状茎入药以外，其叶称"芦叶"，入药治吐泻、吐血、衄血，清肺止呕。其花入药叫"芦花"，有止血解毒的作用，治鼻衄、血崩。芦苇的地上茎也可入药，称"芦茎"，治肺痈烦热。

从上可知芦苇这种极平凡、分布又广的草本植物全身可入药，几无废物。

二十、亦菜亦药的葫芦

大家知道葫芦是可做菜吃的，另外由于它形态特殊，在房前屋后种植，待结葫芦时，可成为一道赏心悦目的风景。葫芦还有大小之分，小的小巧玲珑，惹人喜爱；大的干了后，一分为二，可作瓢用，或不分开，盛放种子……总之葫芦与别的瓜类不同。十分有趣的是葫芦也入药。

葫芦的果皮、种子入药，有利尿、消肿、散结的功效，治水肿、腹水及颈部淋巴结结核。

葫芦果实含22-脱氧葫芦素D和糖类，种子含脂肪、蛋白质。

葫芦属于葫芦科葫芦属，中国常见栽培1种。即葫芦。为一年生草质藤本，被黏质柔毛，有卷须；叶近圆形；花白色，单生叶腋，花单性，花冠长3～4厘米，5裂，子房长椭圆形；果形各异，多为葫芦形，也有烧瓶状的或棒状的。各地多栽培。

中国栽培葫芦历史悠久，在浙江余姚河姆渡遗址中有葫芦种子，距今6000多年，后在湖北江陵、江苏连云港等地都发现了西汉时代的葫芦种子。

为什么叫葫芦？《本草纲目》记载："壶，酒器也，芦，饭器也。此物各象其形，又可为酒饭之器，因以名之，俗为葫芦者，非矣。葫乃蒜名，芦乃苇属也。"

葫芦自古即为特殊工艺品，在其外表刻山水、风景人物，极富观赏价值。有人异想天开，先作模子后，将之套在小葫芦果上，待成熟后，即为瓠器。清代皇帝极喜欢瓠器，皇宫内有人专种葫芦，生产的瓠器还送国外人，日本至今还保存着一件瓠器，外绘有孔夫子像及其他著名人物像，堪称一件宝物。

葫芦作为菜用，一般去皮切成丝，配以肉片或肉丝炒吃，还可配蒜、葱、姜等凉拌了吃。南宋时杭州一带人家种葫芦做菜为当时的时尚之一。

葫芦还是药用植物，它跟药怎么产生关系的？传说汉代时，有个名叫费长房的人。有一回，他见街上有一老者在卖药，待卖完药以后，老者一下子隐入葫芦中不见了。费长房对此十分奇怪，他是个有心计的人，从那以后他天天

葫芦

注意那个老人的活动，并上前问候，向老人学习药道、医道，后来终于成为名医。我们平常不明白别人是什么意思、搞不清真相时常说"不知他葫芦里卖的是什么药？"其来源即与此传说有关。民间迷信太上老君的葫芦里装有灵丹妙药也与此有关。

树木世界

张家界国家森林公园

　　树木在植物世界中占有重要的地位，它们是地球上绿色植物的主体，如果没有树木，地球上将是一幅怎样的景象？！

　　笔者曾经读过一个英国作家写的《松林的一夜》，全文大意是他在松林中露宿了一晚，享受了林中清凉爽快的一夜，睡得十分香甜，次日临走时，为答谢松林的"招待"，竟掏出一些钱币放在松树下。可见我们今天面对地球气温逐渐上升的趋势，以及在改造沙漠、恢复绿色植被方面，还是要重视多栽树。

　　中国森林覆盖面积并不大，但木本植物的种类却是极丰富的。很多树种很珍贵、用处大，本书择要介绍一些，以见一斑。

　　树木的用处不只是为了遮阴降温、保持水土，还有很多用途，除出产木材以外，经济产品也不少，如橡胶、油料、树脂、香料等。另外，还有水果、干果，以及一些美丽的花木和药材，种类十分丰富。

一、槐为国树

　　说槐为国树并不为过，因为它是中国原产的乡土树种之一，历史悠久。古人也多重视栽槐，而且护槐不遗余力。《晏子春秋》记载，齐景公"有所爱槐"，派人守护，并严令"犯槐者刑，伤槐者死，有醉而伤槐者，且加刑焉"。今天看来，这未免有点太严苛了。但可以想象古人定是感受到了槐的特殊好处，才珍惜槐的。我们再看周代，将槐作为庭园树和行道树而大力栽培。汉代京都长安，街边皆栽槐。据《晋书》记载，十六国时，自长安至诸州，皆夹路树槐，有"落日长安道，秋槐满地花"的记载。唐代诗人有诗云："绿槐十二街，涣散驰轮蹄"及"轻衣稳马槐荫路，渐近中华渐少尘"。从诗中可见，当时人们认为若是槐多，不仅树荫好，空中尘土也会减少。

槐树

槐是长寿的树木，至今1000～2000年树龄的古槐，并非个例。河南嵩山少林寺言经阁后有一古槐，传说是2000多年前秦庄襄王嬴子楚游嵩山手植。后宋仁宗赵祯游少林寺为此树披红挂花，赐封"五品树祖"，不少后人为此槐吟诗赞颂，可惜原树明代时被风摧倒；河南陕县观音堂一古槐，据说植于汉代，已有2000年历史，此槐至今仍在，为旅游观赏景点之一；唐代栽的槐更多，如北京北海公园就有唐槐一株，仍生长良好，此外，国内还有许多城市存有唐槐；河南开封朱仙镇一寺内，有千年古槐一株，相传岳飞曾在此树下运筹帷幄；泰山斗母宫西门外有一"卧龙槐"，植于明代，颇为著名，已有近千年历史，仍生长旺盛，为旅游景点之一。

总之，存留至今的古槐不计其数，古城西安和北京仍有不少老槐，北京大学校园内，有两株古槐，一人抱不过来。

槐属于豆科槐属，为落叶乔木，羽状复叶，小叶顶尖，幼枝绿色，圆锥花序，花黄白色，蝶形花冠，果实呈串珠状，不裂。开花在7～8月。

槐分布广泛，北京较多，其木材可作建筑、家具、农具用。槐花及果可入药，花蕾还可作染料，花蜜是优良蜜种，可食用。

槐如前文所述，历史悠久，深得国人喜爱，用处又多，而且是长寿树，因此称它为"国槐"是当之无愧的。

二、水杉活化石

水杉属于裸子植物中的杉科，水杉属的唯一种。它被称为20世纪40年代树木中的重大发现之一。1941年2月，干铎先生从湖北恩施去重庆，经过四川万县时，经过一个叫谋刀溪（又名磨刀溪）的山村（现归湖北利川），发现那里有一株大树，树干粗到需几人才能合抱，树高目测有30米以上，由于树已落叶，干先生不知树名。1943年夏，当时在农林部中央林业实验所的青年学者王战先生，去湖北西部神农架考察植物，途经万县时，听人说谋刀溪有株奇树，王战就去了谋刀溪，采到了那树的枝叶标本，也拾得一些该树落下的球果，听当地人说这树叫水松，被看作"风水树"。1945年，王战将所采标本托人送到当时的南京中央大学森林系郑万钧教授处进行鉴定。郑教授看了标本，一时还识别不出是什么树种，又派自己的学生薛纪如再去产地调查。薛纪如去了两次，收获很大，采到了带球果的枝叶标本，也见到了雄球花。标本搜集得比较全了，郑教授便将此树的完整标本寄到北京静生生物调查所，请胡先骕教授鉴定。

胡教授是著名的植物分类学者。他发现1941年出的日本植物学杂志第11卷，有日本学者三木茂写的一篇文章，标题为《化石植物——变形世界爷树》，从图上看这变形世界爷就是活标本水杉。于是胡先骕、郑万钧共同发表论文，公布标本为新科新属新种，即水杉科水杉属水杉种，而且是单一的科属种（后来才改为属于杉科的新属种）。

水杉的发现和公布，轰动了世界植物学界。它是一种孑遗植物。第四纪冰川时代，大部地区的水杉已毁亡，但中国湖北西部、四川东部山地多，水杉才得以存活下来，成为活化石。日本学者三木茂介绍的古化石植物变形世界爷，就是别地水杉成了化石的证明。

中华人民共和国成立后若干年，中国植物学者又多次野外考察寻找水杉，在四川石柱县和湖南龙山县、桑植县发现水杉，多为散生，不少老树胸径超过1米且高度竟可达40米以上，十分雄伟，估计树龄达几百岁。事实证明，四川、湖北、湖南三省接界地带，是古代水杉

福建省杉树林

安营扎寨的地带。特殊的地形，保护了它们免遭灭顶之灾。

在最早发现水杉老树的谋刀溪一带，经广泛调查，共有水杉5000多株，最老的一株高40多米，胸径达2米以上，堪称"元老"。

水杉是落叶乔木，主干特别高，分枝不长，主干直，气势雄伟。冬天落叶，早春雄球花出得早，雌球花熟后落地。水杉叶子漂亮，为单叶，狭条形，长1～

1.7厘米，宽约2毫米，扁平，交互对生；由于下部扭转，使叶排在一平面上，外形似羽状复叶。由于有的叶腋发出新枝叶，可证明它是单叶而非羽状复叶。

水杉生命力强，只要保证水条件较好，生长得很快，北京樱桃沟的水杉林即是如此。笔者在山东昆嵛山管理处，见到房舍前有好多株大水杉，他们是20世纪60年代初栽的，现在有的树已高达30米，树干直径达50厘米以上。北京大学老生物楼前东西侧各有一株水杉，已高达房顶，据回忆是栽于20世纪50年代，今天仍生长良好。

三、珙桐堪称国宝

珙桐非常美丽，人见人爱。由于是孑遗树种，堪称国宝，应加以保护。

珙桐属于蓝果树科珙桐属，为落叶乔木，高可达25米。单叶互生，有点像桑叶，但无乳汁。叶长达15厘米，宽达12厘米，先端渐尖，基部心形，边缘有粗锯齿，幼叶有毛。花杂性，头状花序，含多数雄花及一朵两性花。花序下有两片（有时3~4片），大苞片，白色，苞片矩圆形，长达15厘米。雄花有1~7个雄蕊，两性花子房下位，有退化花被和雄蕊。核果长卵形，紫绿色，种子3~5个。

珙桐分布于四川、湖北西部、湖南西北部、贵州、云南北部，生长在海拔1800~2000米山地森林中。四川峨眉山、长江三峡的巫山地区较多，峨眉山钻天坡一带即可见。

珙桐的花序由于有2个白色大苞片托着，好像白鸽的样子，树上如正开花，如群鸽栖止之形，形象奇美，深得人们的赞赏。早在20世纪30年代珙桐就已被引种到欧洲，作行道树种植，以日内瓦最为著名。每年4~5月开花，成为街道奇景，引得行人观看。

珙桐被称为鸽子树，还有个美丽的传说：湖北兴山县是王昭君的故乡，传说王昭君担任了和亲使命不远千里出塞，经常思念故乡。一天她亲自写了家书封好后，托一只白鸽带上飞回家乡去，飞鸽衔此信，日夜兼程地飞，终于到了王昭君的故乡，由于非常疲劳，就落在一种树上休息，也许疲劳过度，再也无

珙桐

力动弹，终于变成了像白鸽样的花。从此那种树年年开这种奇花，人们就形象地命名此树为"鸽子树"。在王昭君的故乡，乡人对这种开白鸽形花的树特别喜欢，看见它就会想起王昭君，因此当地又叫珙桐树为"昭君树"。

经多年科学考察，发现中国珙桐数量很多，四川大凉山地区有一大片珙桐林，有2万多株珙桐，最大的高近20米、胸围3米多，估算树龄有几百年了，至今生长良好。对这一珍贵的树种，应好好研究推广种植。

珙桐为什么是孑遗植物？因为它也跟水杉一样，在第四世纪冰川时代大部分被毁灭，唯有中国西南地区（包括湖北西部）由于山多，珙桐躲过了大自然的凶险，生存至今，因此也是孑遗植物，是"活化石"，极为珍贵。

珙桐的拉丁属名叫*Davidia*也是有来由的。1860年，有个名叫David的法国传教士来中国传教，他对植物很感兴趣，于1868年在四川宝兴山区首次发现了珙桐。珙桐树上巨大的白色花朵，好像一群白鸽在拍着翅膀，他将此事告知西方世界，立即引起轰动。西方植物学家得到珙桐标本，经研究后，认为是新属新种，甚至可以命名为新科。为纪念David发现珙桐的功劳，就以David的名字命名珙桐属，将David拉丁化写为*Davidia*（珙桐属）。

珙桐这种美丽的树木，喜欢生长在海拔高的深山里，人工栽于公园、庭院的少，北京更少，可能它的栽种条件要求较高，一离开它熟悉的土壤，会出现种种不适应的情况而不能长久存活。这也需要科学家研究引种问题。笔者曾见清华大学的一处密林中引种了几株。

四、名字中带"松"字的植物何其多

大家知道裸子植物中有个松科，松科中有一个属叫松属，有约80种，如红松、油松、马尾松、华山松、白皮松等。

松科中还有别的属，如冷杉属，此属约50种，中文名多为××冷杉，但辽东冷杉别名又叫白松，臭冷杉别名叫臭松。它们与松树形态不同，叶子为条形或条状披针形，不是像松树那种针形叶，它们的球果成熟后，种鳞都脱落，而松树的球果成熟后种鳞仍宿存、不落。

松科还有个落叶松属，其最大特点是冬季落叶，不像松树的叶常绿。其中有一种种名叫黄花松，生长于东北长白山区，球果较小，叶片倒披针状条形而非针形。

金钱松属的金钱松又叫金松，也为落叶乔木，叶条形，扁平，在短枝上簇生。球果种鳞熟后脱落。

雪松属的雪松，形态与松树不同，叶针形，短而坚硬如针，不同于松的叶，其叶横切面三角形，每面有几条白色气孔线，叶呈白色如被雪，因此叫雪松。球果熟时种鳞脱落。分布于西藏西南部。

油杉属的云南油杉，又称杉松。另一种油杉别名杜松。油杉最大特点是叶片条形，不同于松树，球果生于枝顶，直立，成熟时种鳞不脱落。

红松林

从以上比较可知松属的叶呈针形，不同于其他各属的叶。

裸子植物中的另一科罗汉松科，属名为罗汉松属。为什么叫罗汉松？因为它的雌球花成熟时，种子卵球形，直径达1厘米以上，像和尚头一样。其叶为条形，宽可达7毫米，不是松树那种针形叶。罗汉松产于南方，有大树，又可种作盆景观赏。

罗汉松科还有鸡毛松、陆均松，叶子都不似松树叶。

金钱松

杉科植物中有水松，生长在南方多省区，其叶为条形，不似松树叶。

柏科植物中名字里有"柏"字的品种极多，但有一种叶比一般柏树叶长些，达1.7厘米，它的名字叫杜松，产于东北和华北，为灌木或乔木。

五、名字中带"柳"字的植物

柳树是大家熟悉的树木。柳树有很多种，都属于杨柳科的柳属，这一属共有约500种，中国有约200种。不论哪一种的名字中都有个"柳"字，最著名的是垂柳，它的最大特点是枝条修长柔软，下垂可以触地，由于这一特点，又由于它性喜水，因此被园艺家看中，将其植于河岸边、池边等水域边，可以增添园林美景。杭州西湖边将柳与桃间植，到了春天，桃红柳绿的春景吸引无数游人的目光。

我们常说的柳树，除了垂柳以外，多指旱柳。它的枝条不下垂而上升，庭园栽培较多。与垂柳相比，旱柳不如垂柳受人青睐。古代诗人多咏垂柳，一年四季垂柳的姿态都进入了诗人眼帘，如春天的垂柳，有诗云："翠条金穗舞婷婷"。句中"金穗"指垂柳春天开的花穗（植物学上称柔荑花序）呈金黄色；夏天的垂柳，有诗云："柳渐成荫万缕斜"，指夏日的垂柳花期已过，叶子长大成荫了；秋天的垂柳，则有诗云："叶叶含烟树树垂"，说明柳叶色浓了，要进入老化阶段了；到了冬日则"袅袅千丝带雪飞"，垂柳叶落，枝上有雪了。

柽柳由于名字中有"柳"字，因此易被人误以为是杨柳科柳属的树木，可实际上不是。柽柳是属于柽柳科柽柳属的木本植物，它的枝条细柔，枝的表皮色有些像柳树枝，但是叶子不像。柽柳的叶子细如小鳞片，完全不是柳树那种狭披针形叶子。另外，柽柳开花时，花小而多，呈粉红色，这色彩绝不同于柳树花的黄绿色。花序也不是柔荑花序，而为总状花序又组成圆锥花序。柽柳生长在轻盐碱化土壤上，分布自华北至长江下游各省。它的近缘种红柳分布于西北、东北、华北，生长于盐土、砂土上，花淡红、紫红或白色。

雪柳名中虽有"柳"字，但它是木犀科雪柳属的灌木或小乔木。叶对生，叶片卵状披针形，有点像柳树的叶子，但开的花是白绿色的。花序非柔荑花序而为圆锥花序，果扁平有狭翅，这些都与真正的柳树不同。雪柳分布于中国东部、中部地区，北京很多公园有栽培。雪柳又称五谷树，因其果实密集，十分像稻穗。

垂柳

　　杠柳也不是杨柳科的柳树，而是属于萝藦科杠柳属的木质藤本植物。树体含乳汁，叶片对生，叶披针形或卵状披针形，像柳树的叶子，也许因此而被称为杠柳，但它的叶片表面有光泽，不同于柳叶。它的花紫红色，花冠呈辐射状。果实为2个蓇葖果，这些都大异于杨柳科的柳树。杠柳分布于东北、华北、西北多省，华东也有见。多生长在荒地、林缘，北京山区多见，平原地区也有。其根皮和茎皮均入药，称香加皮，有花生仁的气味，有治风湿和壮筋骨的功效。

　　此外，还有叫藤山柳的植物，属于猕猴桃科藤山柳属，为木质藤本植物。叶卵形，互生，聚伞花序，花白色，果球形且小、黑色，形态不同于真正的柳树。藤山柳分布于陕西、甘肃、四川和贵州等地。

　　千屈菜科的千屈菜又称水柳，是一种草本植物，多生在山沟泉水边。株高达1米以上，花紫红色，叶对生，叶片披针形，像柳叶。

　　胡颓子科胡颓子属中不止一个种的名字中有"柳"字。如沙枣又叫银柳，其叶较窄，似柳叶，加上叶子的背面白色，因此叫银柳。蔓胡颓子的别名叫桂香柳，但此种的叶卵状椭圆形，宽达4厘米、长达7厘米，不像柳树的叶。同科另一属沙棘属的沙棘，叶长达6厘米，宽只有1厘米左右，有点像柳树叶；由于其果实有酸味，又叫醋柳。

六、名字中有"杨"字的植物

　　杨柳科杨属约有40种，中国有20多种，它们的名字中都有"杨"字，如毛白杨、加杨、钻天杨、银白杨等皆是。但也有不少名字中有"杨"字的植物，却不是杨柳科的。例如柳树，尤其是垂柳，由于它是著名风景树，在古代很受重视，古人称垂柳为杨柳或杨。古人诗中有："沾衣欲湿杏花雨，吹面不寒杨柳风"或"家家泉水，户户垂杨"（《老残游记》）；"绿杨门巷"及"昔我往矣，杨柳依依"（《诗经》）。这里面的杨柳和杨、垂杨、绿杨皆指的是垂柳。总之，古书中以杨归于柳或误称杨作柳者多矣，李时珍曾指出："杨枝硬而扬起，故谓之杨，柳枝弱而垂流，故谓之柳，盖一类二种也。"这说明李时珍已对杨和柳的区分有自己独到的看法。今天对杨和柳的区分，即是看杨属与柳属的不同。杨属的冬芽鳞片多，柳属则只有1片；杨属有顶芽，柳属多无顶芽；杨属的柔荑花序上的苞片边缘多有裂齿，而柳属的苞片全缘；杨属枝条多上升而不下垂，柳属的垂柳枝下垂，有些柳树枝不下垂；杨属的叶子多宽大，柳属的叶子多狭长（也有叶子宽些的，胡杨则兼有宽叶和窄叶，既像杨又像柳）。

不属于杨柳科而名字中有"杨"字者，著名的例子还有属于胡桃科枫杨属的枫杨。其为乔木，羽状复叶，叶轴有狭翅，小叶多为9～15个；柔荑花序，雄花序生于老枝的叶腋。雌花序生于新枝顶端，雌花疏生，生于苞腋，左右各有1小苞片；果长椭圆形，为有双翅的坚果，翅是由小苞片发育而成；果序总状，下垂。4～5月开花，8～10月结果。枫杨有点像柳，因其喜水，多生于溪流、河流岸边。它有个别名叫麻柳，又与"柳"字沾上边了。

名字中带"杨"字的还有赤杨属，属于桦木科，约40种，中国有8种。为落叶乔木或灌木，单叶互生，花单性同株，柔荑花序，翅果宽卵形。有个种叫水冬瓜赤杨，产于黑龙江、吉林、辽宁三省，又称辽东桤木，为乔木。它的叶子近圆形或椭圆状卵形，长达9厘米，宽达9厘米，有点像杨树的叶子。其木材为建筑、家具材料。

有一个属叫赤杨叶属却属于安息香科，其中有个种叫赤杨叶，为乔木，叶椭圆形，长达15厘米，白色带粉红色，圆锥花序，蒴果，种子有翅。分布于长江以南多省区，生长于森林中，木材可作火柴杆。

杨树人工林

黄杨科黄杨属有很多种，每种名中都有"杨"字，如黄杨、小叶黄杨、大叶黄杨等。

大叶黄杨除指黄杨属中这个种以外，还指属于卫矛科卫矛属的冬青卫矛，也称大叶黄杨，这是因为大叶黄杨单叶对生，叶比小叶黄杨大，叶面光亮革质的缘故，实际它属于卫矛科卫矛属，人们见它叶形似黄杨叶而叫它大叶黄杨。

同名异物的植物名极多，常常让人误解，只有用拉丁学名命名植物才可免去混乱。

七、桑树、构树和柘树

桑树、构树和柘树都属于桑科，但不同属。

桑树是中国的乡土树种，中国南北各省区皆有桑树栽培，野生的也不少。北京山野里桑树也很常见。四五月间，正是桑树结果时。桑葚是聚花果，一种为紫色而发黑，另有一种为白色的，都可以吃，白的比紫黑色的更甜。20世纪50年代，笔者带学生野外实习时，在北京金山至妙峰山的路途中，经过一个叫玉仙台（又叫瓜打石）的地点，那里原有个小庙，已经毁掉了，废墟后有株桑树，其桑果是白色的，特甜，可能是从前人们栽的，这只是一个例子而已。

桑树是落叶乔木，有乳汁，单叶互生。叶宽卵形，较大，边缘有锯齿，有时有裂，托叶早落。花单性，多为雌雄异株，极少雌雄同株，花序为柔荑花序，雄、雌花皆无花瓣，仅有4萼片（称花被片），雌花的花被片在开花时小，但在结

西藏古桑

果实时增大而且肉质化，充满甜汁，一个雌性柔荑花序形成一个桑果，实际是由许多雌花组成的，成熟时会整个花序脱落，人们吃桑果（桑葚）实际吃的是肉质花被片和它包裹的瘦果。

桑树在古代与农作物并重，是首屈一指的经济树木，栽培之广、之多，受人民喜爱之程度，非其他树木可比。孟子曰："五亩之宅，树之以桑，五十者可以衣帛矣"；在《尽心》篇中云："五亩之宅，树樯下以桑，匹妇养之，则老者足以衣帛矣"。这是说自家种桑，以桑叶养蚕，利用蚕丝做衣服，因为古代尚无棉花时，是穿丝织绸缎的衣服，后来有了棉花，广泛穿棉布衣，丝绸才退位了。

桑木可作器具用，桑皮纤维发达，可以造纸，名桑皮纸。桑叶用处非常多，经霜的落叶炙熟代茶，叶在荒年可救饥，家畜也爱吃。经霜打过的桑叶可入药，芽与叶为发表药，治感冒头疼。桑叶还有特殊用处，将桑叶铺在容器中，放入柿子，用桑叶间隔之，封闭可以去柿的涩味，放三四天即可食。别一方法是摘桑叶入锅，加水煮沸，略加盐少许，待盐全化后，取出水放入容器中，待水凉后即放入柿子，经一昼夜后，柿子涩味即可去除。

桑葚可当水果吃，如今已有桑果汁饮料出售。历史上桑葚曾作救荒用，也作军粮，史书上曾有记述："汉兴平元年九月，桑再葚时，刘玄德军小沛，年荒谷贵，士众皆饥，仰以为粮，魏书云袁绍之在河北，军人仰给桑葚。金末大荒，民皆食葚，获活者不可胜记……"从这些资料看桑果确实功不可没！

桑果可造酒，取桑果榨汁放入瓶中，封二三日成酒，像葡萄酒，色味均佳。桑果还可为鱼饵，用以钓鱼。

中国栽桑历史悠久，如今还存留有很多古树。如河南新野的汉桑城中的一株古桑，高8.5米、基围3.8米，传为汉代关羽所植，已有1700多年历史。福建泉州开元寺有一株唐代古桑，基部周围6.3米，有2大主干，树龄1200多年。北京大学校园西校门内东北角水池边一株古桑，从基部即分数枝干，树心已空，生长仍好。此树年龄当在燕京大学建校之前已存在，想来有百多岁了。北京大学还有多株雌性桑树，其中，在临湖轩东水池东岸的一株老树年年结桑葚。实验西馆东南侧，有一株桑是雌雄同株的。

与桑树有近亲关系（同为桑属但不同种）的著名种为蒙桑，其叶边缘锯齿

尖锐，且突出呈短芒状。蒙桑
在平原区少见，多野生于山
地。河北承德有个棒槌山，山
上石缝中生长着一株蒙桑（也
有说是桑），传说此桑早见于
清康熙年间。树高3米，在那
极干旱条件下此桑仍顽强生
长，已有300多岁了，为山峰
增添异彩。

低干桑

构树为桑科构树属树木。落叶乔木，雌雄异株，其叶似桑树叶但较厚，柔
毛较多，乳汁较多而浓。雄花序为柔荑花序，雌花序圆球形，聚花果圆球形，
成熟时红色，花期5～6月，果期9～10月，从华北到南方分布广泛。其茎皮纤维
可造纸、聚花果入药，有补肾利尿的功能。北京平原、山区均多野生。

柘树为桑科柘树属树木，又称柘桑，小乔木或灌木，有乳汁，叶卵圆形或
倒卵形，长达14厘米，全缘，有时3裂。花单性，雌雄异株，花序均为头状，跟
桑树一样，雌、雄花的花被片均为4。聚花果球形，径达2.5厘米，肉质红色，里
面有小的瘦果，红色的是肉质化了的花被，5～6月开花，9～10月结实。分布于
华东、中南、西北、西南等地区，北达辽宁省，多栽培种植。北京潭柘寺即曾
以柘树多而得名；北京大学也有一株；山东烟台海边风景区绿化带多植柘树，
成一风景线。

八、榆树家族

榆科榆属有约40种，中国有20多种，其中许多种与人类关系密切。

榆是代表种，又称榆树、家榆、白榆，为落叶乔木、树皮粗糙纵裂。叶互
生，椭圆状卵形或椭圆披针形，边缘有锯齿，叶柄短。早春，花先叶而开，花
小簇生，生上年枝的叶腋。花无花瓣，花药紫色，果为翅果，倒卵形，种子位

于中央，周围有膜质翅，上部有缺口。多分布于东北、华北、西北等地区，南方也有栽培，北京极多见。

榆树生命力强，只要留意观察，在荒地或居民区建筑物墙根或小花园内，总能见到榆林的幼树，那是因为老榆的果实落到其他地方，无须照料，就能长成成年大树，而且生长良好。

榆是造林树种中的名种之一，它有多个优点：生长快，二十几年成材；耐寒，北方造林于山地极适宜；耐旱，可在黄土地带造林；耐湿，可在河滩地造林；不怕霜冻；盐碱地也能生长且长势良好。

榆树在古代曾担当了国防卫士的角色。汉书云："蒙恬为秦侵胡，辟地数千里，累石为城，树榆为塞"，今陕西榆林县因此得名。这都是因榆的生命力特强的缘故。

古代人栽榆也是为了造风景，得庇荫。晋代陶渊明诗云："榆柳荫后"，可见榆和柳同样被重视。古代种榆成为习俗，使得今天留下的古榆很多。山东巨野县陶庙乡平官李村有一株古榆，主干已残，高仅5米，直径达1.5米以上，它不同于其他榆树的是春天先出叶，到秋天才开花、结实，据估测此榆已有千岁了。在山西中部和西北部地区，数百岁的古榆有几十株，以静乐县堂儿上乡王明滩村的一株为最，主干直径达2.8米，当地群众称之为"榆树王"。

北京大学校园内有多株古榆，如生命科学学院大楼西侧约30米处和临湖轩南草地中，皆有参天榆树。蔡元培塑像西北有一古榆，主干径达1米，为一级古木。

榆树是救荒树，古代荒年缺粮，人民摘榆叶、采嫩榆果充饥，榆干皮和根皮都

榆树

榆树的翅果

可食。《汉书·天文志》记载："成帝河平元年，旱，伤麦，民食榆皮。"又《唐书·阳城传》记曰："阳城隐居中条山，岁饥屏迹不过邻里，屑榆为粥，讲论不辍。"《广群芳谱》上记载了吃榆皮方法："榆树皮去上皱涩干枯者，取嫩白皮剉干磨粉，可作粥备荒。"又曰："榆钱可羹，又可蒸糕饵。"

笔者回忆20世纪60年代初，在农村劳动，正是粮食歉收之年；当地河滩、山坡、农田多榆树，也曾采榆叶、榆钱和水煮食过，那水中有黏汁，吃起来还挺新鲜。当时农村食堂用嫩榆叶和小米做粥，吃起来津津有味，至今记忆犹新。

榆树木材花纹美，可制家具、农具车辆。

榆的近亲（同属不同种）不少，如大果榆、春榆、黑榆、榔榆等。北京司马台长城附近有许多榔榆生长，极不怕干旱，其叶小于榆，但多不是大树。

九、梧桐的魅力

梧桐属于梧桐科梧桐属，为落叶乔木，树干皮青绿而光滑，高达8米以上。叶为单叶，3～5掌状裂，叶大，长达20厘米，叶柄长达20厘米，圆锥花序顶生，花黄绿色，果为蓇葖果，舟形，种子生在"舟"边缘，十分奇特。

梧桐产于中国和日本，中国主要分布在华北以南，长江流域及以南地区最适宜梧桐生长；北京也有，但由于气候关系，生长情况不如南方。

中国自古代起即视梧桐为庭园树木，多栽种于宫廷、寺院及府第中，民

油桐树

间有立秋日则落一叶的说法，所谓"梧叶知秋"即源于此。

《群芳谱》赞梧桐曰："皮青如翠，叶缺如华，妍雅华净，赏心悦目，人家斋阁多种之。"《水经注》云："车骑将军谢玄田居所在，于江曲起楼，楼侧尽是桐梓，森耸可爱。"描述了

梧桐

古人植梧桐与梓树以造美景的情形。

古诗赞梧桐者很多。杜甫诗云："西掖梧桐树，空留一院阴。"陆游诗云："前桐影偏宜夏。"刘小山诗云："睡起秋声无觅处，满阶桐叶月明中。"顾英诗云："梧桐叶大午阴垂。"白居易诗云："为君布绿荫，当暑荫轩楹。"这些诗多赞梧桐叶大、树荫广、好乘凉，说明古人植梧桐也是讲究实际用处的。

梧桐木材白而软，古多用于作琴。《诗经·风》云：椅梧梓漆，爰伐琴瑟。《后汉·书蔡邕传》："吴人有烧桐以爨者，邕闻火裂之声，知其良木，因请而裁为琴，果有美音，而其尾犹焦，故时人名曰焦尾琴焉。"又《晋书·张华传》："取蜀中桐材刻为鱼形，扣之（石鼓）则鸣。"

古代陈翥有诗云："巨则为栋梁，微亦任槛楯。"梧桐木还可作建筑材料、雕刻材料、装饰材料，可作箱柜器具等轻巧物品等。梧桐木材中的黏液富含油脂，可供理发用。梧桐树皮多纤维，可作绳或造纸用。

梧桐叶大，古人常在叶片上写诗。顾况于御沟流水中，得一桐叶，叶上有诗云："一人深宫里，年年不见春，聊题一片叶，寄与有情人"。估摸是被选入宫的宫女，通过梧叶题诗抒发内心苦闷，借御沟流水送出去，希望被有缘人拾到……

梧桐的嫩芽叶可采之当茶叶，据说山东泰山无茶，山人采梧桐嫩叶代茶，名为"女儿茶"。

火桐

梧桐的花有观赏价值，花序大，香气袭人。

梧桐子可食。《群芳谱》中记载："荚长三寸许，五片合成，熟则开裂如箕……子缀其上，多者五六，少则二三，大如黄豆，云南者更大，皮皱淡黄色，仁肥嫩可生食，亦可炒食。"梧桐子还可榨油。

梧桐叶入药，有降压及降低血清胆固醇的作用。花可治烧烫伤。

梧桐在园林风景绿化方面作用非常大，尤其在南方地区，无论是孤植还是配植效果都佳，南方传统风格是将梧桐与竹、棕榈、紫藤、芭蕉等配植。

十、楸、梓、黄金树

楸、梓、黄金树，皆属于紫葳科梓属而不同种，可谓三兄弟。

楸树为落叶乔木，树皮光滑。单叶对生，叶片三角状卵形，顶端长渐尖，边缘有疏浅裂。撕破叶片闻一闻，有一股气味，有长叶柄。伞房状总状花序，花冠合瓣，白色有紫斑点或淡紫色。蒴果棍状，长达50厘米，种子椭圆形，两端有毛。5～7月开花。

楸树最美的时候是开花时。北京大学老生物楼东北侧不远处，有两株老树，高达10米以上，主干直径超过20厘米，每年开花时，从一个露天走廊上望去，好似天空浮起一片紫云，煞是好看，但这景象不过几天，要及时看，否则美景即逝，又要等到第二年了。

楸树原产中国，从华北、华中到华南均有，以河北、山西、山东、陕西为多，历史悠久。楸树多为庭园树、风景树，古代多栽于寺院内。《埤雅》云："楸有行列，茎干乔耸凌云，高华可爱。"又《洛阳伽蓝记》记载："修梵寺北有永和里，里中皆高门华屋，斋馆敞丽，楸槐荫途。"可见古代楸树与槐树一样被重视。有些人特喜爱楸树，如富彩公任知州时，手植数百于后圃中。

诗人也作诗赞楸，如韩愈诗云："庭楸上五株，芳生十步间"，说明楸花有香气。又云："青幢紫盖立童童，细雨浮烟作彩笼。"这是作者对楸树之美的特殊感受。

楸树的木材好。史记说《货殖列传》云"千树楸，其人与千户侯等"，说明其木材之优良。它的抗弯强度非常大，《群芳谱》曰："楸木湿时脆，燥则坚，良木也"。楸木为工程建筑、家具良材，可用于制作枕木、电杆支柱、桥梁、火车箱、舟车、房柱、桌椅、箱柜、书柜等，可抗虫蛀，还可做琴瑟类乐器用。

楸树嫩叶可食，亦可用于装饰。宋代《东京梦华录》云：立秋日，满街卖楸叶，妇女儿童辈，皆剪成花样戴之。

楸花之美，有梅尧臣诗为证："楸英独妩媚，淡紫相参差"。楸树的花还可

楸树

吃，多炒食。河南舞阳一带，采楸树花蒸食，放入面条中，有滑美之感。

楸种子入药，治热毒疥疮。

梓树与楸形态不同处是梓树的叶对生，有时三叶轮生，叶片宽卵形或近圆形，先端3～5浅裂，叶基微心形，先端短尖。花黄白色，花冠内有黄色线纹和紫斑。萌果长圆柱形，种子有白毛。

梓树主要分布在长江流域，北方也有。北京大学原生物系实验西馆前有两株，高只有5～6米。

梓树历代栽植于庭园，为观赏树木，《诗·小雅》云："维桑与梓，必恭敬止。"桑梓即家乡之意。

梓树用途类似楸树，是制作建筑和家具的优质材质；还可做乐器，汉《曹植与吴季重书》云：斩泗滨之梓以为筝。

梓皮入药，味苦寒无毒，治热毒，疗目疾。嫩叶如楸也可食，种子入药。

黄金树高大于以上两种，高可达30米。单叶对生，叶片宽卵形、卵状长圆形，长达30厘米，宽达20厘米，叶全缘是显著异于前两种的地方。顶生圆锥花序，花白色，内有黄色条纹及不明显紫色斑点。萌果长圆柱形，种子有白毛。

黄金树原产地为美国中部地区，中国引种栽培。北京大学南校门内原老宿舍21楼南侧有多株，生长良好。梓属内有中国原产种，也有美国原产种，其形态类似。本属总共仅13种，分布在美洲和东亚，为洲际间断分布。

十一、吴茱萸、山茱萸、食茱萸

吴茱萸为芸香科吴茱萸属的种，此属中国有20多种，其中以吴芙萸最有名，因其果实入药，有温中、止痛、理气、燥湿的功能。

吴茱萸为落叶灌木或小乔木，小枝紫褐色，无毛，有皮孔，奇数羽状复叶，小叶5～11个，椭圆或卵圆形，两面有柔毛，下面有油点。花白色，单性，雌雄异株，聚伞圆锥花序顶生。萌果紫红色，有油点，熟时裂成2～4，分果瓣，每瓣1粒种子。

吴茱萸分布于长江流域以南广大地区，生于森林地带，栽培广。

中国民间习俗有九九重阳节登高，并饮菊花酒，佩戴茱萸袋子。唐代诗人王维曾作诗云："遥知兄弟登高处，遍插茱萸少一人。"诗人杜甫有诗云："明年此会知谁健，醉把茱萸仔细看。"古人重视茱萸恐怕是相信茱萸的香气能防病祛邪的缘故。郭震的"辟恶茱萸囊，延年菊花酒"句说明茱萸可防病。《淮南子》记述："井上宜种茱萸，叶落井中，人饮其水无瘟疫，悬其子于屋，避鬼魅。"鬼魅自是没有，但疾病是可发生的，在科学尚不发达的古代，人们利用茱萸的特性防病。

古人所说的茱萸是什么植物？有人认为即吴茱萸，也有人认为是山茱萸，从这两种植物比较来看，应是吴茱萸。吴茱萸的果实含多种生物碱，如吴茱萸碱、吴茱萸次碱、异吴茱萸碱等，还含挥发油，油中主要成分为吴茱萸烯，为油的特殊香气成分，还有吴茱萸内脂、罗勒烯等。果实中另含吴茱萸醇及吴茱萸苦素。吴茱萸醇提取物对猪蛔、水蛭有杀灭作用。

吴茱萸可治胃腹冷痛、恶心呕吐、蛲虫病等，外用治高血压、湿疹等。民间很早便开始用它治病，所以才有九九重阳戴茱萸囊防病的习俗，它那浓浓的香气悦人，闻一闻就能让人舒服很多。

对比之下，山茱萸却没有什么香气，显然古代的茱萸非山茱萸，山茱萸属于山茱萸科山茱萸属，此属共4种，中国有2种，名为山茱萸，为落叶灌木或小乔木。叶对生，叶片椭圆形；伞形花序，先叶开花，花腋生，花黄色，花瓣4片，卵形，有肉质花盘；核果椭圆形，熟时鲜红色。

山茱萸的果实可入药，含山茱萸苷、皂苷、维生素A类物质、苹果酸等，其药用功能主要是补益肝肾、涩精止汗，治头晕目眩、腰膝酸软、尿频等症。从治病性看，显然不是重阳节登高所采用的那种茱萸，无香气作不了香

山茱萸

囊佩戴是关键之处。另从山茱萸治病对象较窄，也可以看出来。

还有名叫食茱萸的植物，被认为是"遍插茱萸少一人"中的茱萸。

食茱萸属于芸香科花椒属，又叫椿叶花椒。其叶像臭椿的叶，为奇数羽状复叶；大乔木；伞房状圆锥花序，花小而多，青白色；蓇葖果由2～3心皮组成，果皮红色。主要分布于中国东南部地区。其果实入药，辛、苦、温、有毒，温中、燥湿、杀虫、止痛，治心腹冷痛、泄泻等症。

李时珍评食茱萸时，指出前人有将吴茱萸、食茱萸混为一谈，如马志谓粒大、色黄黑者为食茱萸，粒紧小、色青绿者为吴茱萸；陈藏器谓吴、食二茱萸是一物，入药以吴地者为良。李时珍说："皆因茱萸二字相混致误耳，不知吴茱、食茱乃一类二种，茱萸取吴地者入药，故名吴茱萸，樧子，则形味似茱萸，惟可食用，故名食茱萸也。"其中樧子即食茱萸。郑樵《通志》云："樧子一名食茱萸，以别吴茱萸。"

古医书《本经逢原》认为："食茱萸治带下冷痢，暖胃燥湿，水气浮肿用之，功同吴茱萸而力少逊。"

可见古人由于吴茱萸与食茱萸均以果入药，性味相近，以致将二者混淆。从植物学上说二者同科不同属，由于都有香气，因此古代重阳佩茱萸，将二者视为一物是可能的，而山茱萸根本不香，明显不会采用。

十二、独木成林话榕树

在众多的树木中，只有榕树别具一格，因为它的主干分枝上可以垂下气根，气根向下生长，触地后入土扎根，固定生长如一新株。由于榕树分枝多，分枝又分枝，垂下的气根也多，一株母树，经过许多年，就能长成一片，如森林一般，故有"独木成林"之称。

世界上最大的榕树是孟加拉榕树。这株榕树由气根形成的"树干"有4000多根，其中粗大的达1000多根，母树的枝干靠这种气根形成的"树干"起支撑作用，因此枝干可延伸很远而不会断裂，而且还会再分枝，一而再，再而三，使母树树冠越来越大，遮天蔽日，树荫面积可达一公顷。据说从前有一支千人的军队在烈日下行军累了，到了那里，见这么大的树正好乘凉，就都到了树下，竟还有富余的地方。

榕树

榕树属于桑科榕属，为常绿乔木，有乳汁；单叶互生；花序为隐头花序，像无花果那样，花序里面有极小的瘦果，花也小，在花序内部，外面看不见，因此被人误以为是没有花而能结果的，无花果也属于桑科榕属。榕树分布在热带、亚热带。在中国主要分布在华南一带，华东、西南也有。广东省的广州及福建省的福州是多榕树的城市。北宋的著名园艺家蔡襄曾担任福州地方官职。他推行种榕树，使榕树种植得到很大的发展。当地民间流传民谣盛赞此事："道边松，道边松，问谁栽之我蔡公。岁久广荫如云浓，委蛇夫矫腾苍龙。行人六月不知暑，千古万古摇清风。"（注：福州人称榕为松）这民谣生动说明榕荫之广带给人民的益处。福州城别称榕城便因此而来。

广西阳朔有一株老榕树，据传为隋代古树，树大数围，树龄有一千多年，是中国最老的一株榕树。

云南省盈江县有一株名为"盈江古榕"的榕树是该省最大的榕树。高有30多米，其气生根形成的支柱根有100多条，大的要好几个人合抱。在那些支柱根中，已难找到哪支是母树的主干了！树荫面积已达5亩多，可容千人纳凉。

广东新会县城外天马村天马河中有一株古榕，是小叶榕。树荫面积达1万平方米，有数以千计的鸟类在树上栖息，当地人民用心保护这株榕树，各种鸟类也安然以它为家，成为观榕观鸟的胜地。作家巴金曾写"鸟的天堂"一文，描写的即是这株榕树。

你听说过绞杀植物吗？自然界中确实有，比如榕树，当榕树与其他树木靠得很近时，为争夺阳光雨露，榕树的气生根（甚至它的分枝）会缠到邻近的树木主干上（榕的种子在别的树上发芽长成幼树，生出气根去包围该树干的情况也有），像网一样，死死包住邻近的树干，并向上生长，直到包住树顶，久之被包住的树无法获得阳光、空气和养分，就被"绞"死了，因此这种情况叫绞杀现象。绞杀现象在云南西双版纳森林中存在，在广东肇庆鼎湖山也有。

从上文可知榕树是最能产生大面积树荫的好树种，从遮阳避暑来说，南方大城市适宜栽榕，像大叶榕、小叶榕这样的榕树种，对二氧化硫和氯气等有毒气体有强的抗性，可以净化空气，因此在南方城市或工矿附近栽榕树十分有意义。

榕属中著名树木还有菩提树、印度榕、无花果、薜荔等。

十三、红叶树大家庭

本节集中介绍秋天叶子会变成鲜红色的树种，然而它们并不都是亲缘关系很近的种类。

首先说北京香山的红叶树。这种树名叫黄栌，黄栌与红叶几乎成了同义语，它属于漆树科黄栌属，为小乔木。它的叶子像一把小扇子，几乎成圆形，边缘全缘，叶柄长约2厘米，叶片直径3～8厘米。微风来时，叶子摇摇晃晃，

黄栌

似团扇轻摇，十分雅致。入秋叶子由绿色变鲜红色。香山的这种树是人工栽种的，由于非常密集，每逢秋冬之际，放眼望去，满山红叶红似火，西山红叶成了全国甚至世界闻名的景点。

黄栌有一特点，每年4～5月开花时，满树看上去有紫色毛茸茸的东西，比花更引人注目。植物学家经过观察研究，认为这是紫色的毛长在不发育花的花梗上。黄栌的果实肾形，为核果。

黄栌在北京各山区均多，分布于河北、河南、山东、四川至陕西、甘肃等

省，黄栌的叶撕破后闻一闻，有一股强烈的气味。

在南方（主要长江以南）地区的树木中，最著名的红叶树为枫香树，它属于金缕梅科枫香属，此属仅2种，中国均有，其中枫香树最有名。"停车坐爱枫林晚，霜叶红于二月花。"诗中的枫林即指枫香树林。它的叶子为单叶，多掌状3裂。花单性，雌雄同株，奇特的为雌花，数十朵雌花组成头状花序，无花瓣。果熟时为圆球形果序，直径达4厘米以上，果表面有针状物，为其宿存的花柱和呈针状的萼裂齿。入秋叶红如火，煞是美丽。

由于古代人爱枫香树，栽培较多，存有不少古木，湖南省古枫尤多。经省林业部门普查，全省主干直径1米以上的枫树多达600多株，其中又以芷江县下场乡楠木冲村小冲坪的一株古枫最为突出。此树高约50米，主干直径达1.7米。树基部从地面隆起，其周边又生长出一株楠木和一株檀木，好像二木护枫香一样。秋天枫香叶红如火烧，而其他二木叶绿，好似绿叶衬红花，十分奇丽，为一绝景。南京栖霞山、苏州天平山均有大片枫香树林，为赏红叶胜地。

槭树科槭树属中许多种，其叶入秋呈鲜红色，如北方多见的平基槭的叶，为单叶对生，掌状5深裂，果为双翅果，此种分布于东北、华北地区及河南、山

红叶

东、江苏及陕西等省，北京山区很多。

槭树属的鸡爪槭，叶掌状7～9深裂，整个叶近圆形，直径6～10厘米。入秋时叶鲜红。

槭树科槭属在加拿大有多种，如糖槭，叶也鲜红。加拿大蒙特利尔植物园中有一片槭树林，叶红时满园如红云，美极了。

中国南方红叶树还有乌桕，属大戟科，为落叶乔木，叶入秋呈鲜红色。

北京从美国引入栽培的火炬树，属于漆树科，羽状复叶。入秋后红叶也很好看。

到了秋天只要细心观察，还会发现有不少种红叶树，比如卫矛科的卫矛是一种灌木，入秋叶变为红色。

十四、有趣的檀树

这里的檀树又叫青檀，也叫翼朴，属于榆科翼朴属，是一种落叶乔木。单叶互生，叶片椭圆形或卵形，先端有长尾状渐尖，基部圆形或宽楔形，基部三出脉，边缘有细锯齿。花单性，雌雄同株。翅果扁，呈圆形，有细长柄。种子周围有膜质翅，上下端凹陷，从翅果形态看，具明显的榆科特征。

青檀分布广泛，从河北、河南、山东至南方长江流域以南多省区均有栽种，喜生于石灰岩山地。北京也有分布，如北京妙峰山滴水岩、房山的上方山及蒲洼乡均有。

青檀自古闻名，它的著名产地是河北井陉苍岩山，是风景名胜区。青檀多生在石质山地，乍看去好像它长在石头上的样子，在海拔1200米处尤多。有一株老檀生在山谷，高达10米，主干直径达1米，树冠直径达6米，树下有一石碑，上面有文："虚心老人檀"，这是什么意思呢？传说隋炀帝的女儿南阳公主出家在此修行，从老檀树中空悟出了"虚心而得道"。如真是事实，那么此树算来已有千岁了。

青檀的树皮可条状剥裂下来，它生命力强，剥了又长。它的树皮纤维强韧，洁白光整，为制造宣纸的上等材料。宣纸细致，墨韵清晰，搓折无损，无虫蛀，耐久，吸水力强，经久不变。据说在19世纪末，宣纸在巴拿马万国博览会上得到了金质奖章，为毛笔书法、绘画所用的独一无二的优质纸。

宣纸是怎么造出来的呢？据传在东晋时代，有个年轻的造纸工人名叫孔丹，他不仅会造纸，还会绘画。他的师父过世后，为了怀念恩师，就用自造的纸画师父像，可是由于纸的质量不高，画的像不能持久，没多少日子，就褪色模糊不清。他想找好材料造质量高的纸，就到处走访，一天他来到了宣州一带，看见一棵大树倒在溪流中，细看树干上有一层薄薄的白色的好像纸一样的东西。他灵机一动，这白色东西可能就是造纸的好原料，用手一揉还很坚韧，他十分高兴，可是他不知此树叫什么名字，就去找人问，一位老人告诉他，这树叫青檀。孔丹高兴得不得了，就四处察看，发现青檀树不少，于是他刻苦钻研，终于用青檀的皮为原料，造出了首批宣纸，为书画家大展才华提供了优质的纸张。

宣纸诞生之后，很快广为流传，产地以安徽泾县最为有名，后来浙江温州及云南、四川等省也有了宣纸。

豆科植物中，还有个黄檀属，有一百多种。灌木或乔木，羽状复叶。花白色、紫色或黄色，荚果长圆形。其中名

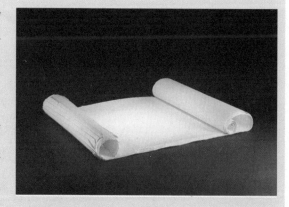

宣纸

种黄檀，又称白檀，产于南方，为著名木材植物，木质坚硬致密，可制成负重力强或拉力强的用具和器材。

同科的紫檀属有30种，其中紫檀又称花榈木或花梨木，为乔木，羽状复叶，花黄色；荚果圆形，扁平有宽翅，翅宽达2厘米，1～2个种子。从果翅看，有点像青檀的果，但后者果小多了，且两端有凹而不同。

山矾科山矾属中，有一个种叫白檀，为落叶灌木或小乔木，单叶，椭圆形或倒卵形，花白色，核果蓝色，卵形，有点偏斜。分布范围从东北到长江以南地区。种子的油可制油漆或肥皂。

十五、拐枣不是枣

鼠李科植物中有一个属叫枳椇属，全国均有分布，该属共有5种，其中重要的为枳椇和北枳椇这两种，两种中又以枳椇最有名，二者的区别是枳椇的果实稍小，成熟时黄色，直径5～6.5毫米，叶缘有细钝锯齿；北枳椇的果实稍大，成熟时黑色，直径6.5～7.5毫米，叶缘有不整齐的锯齿或粗齿。

枳椇之名出于《唐本草》，它又叫拐枣（名出于《救荒本草》），又称鸡爪子（出自《本草纲目》）；《诗经》中名为枸，此外还有万字果、鸡爪树、金果梨、南枳椇等名，而北枳椇是现代分类学家所命的名，以

拐枣

相对于前种南枳椇，北枳椇在《中国树木分类学》中也叫枳椇，另外还有鸡爪子、枳椇子、拐枣、甜半夜等别名。别名相同处是由于这两个种的成熟果序梗都肉质膨大，且含糖多，可当水果吃，果序梗又都呈曲拐形的缘故。

枳椇分布广，南方主要在长江流域以南广大地区，多达十多个省区，向北可达河南、陕西、甘肃。

北枳椇分布少些，向南可达江苏、安徽、江西，向北可达河北、山西、山东、河南、陕西、甘肃及四川北部、湖北西部。

两种枳椇由于形态差异不大，成熟果序梗能吃，因此常混为一谈，常常统称为拐枣。

拐枣不是枣，后者虽也属于鼠李科，但属于枣属，枣和酸枣皆属于枣属。

枳椇为高大乔木，高可达25米。叶宽卵形，长可达17厘米，宽可达12厘米，边缘有浅钝细齿，稀近全缘。二歧式聚伞圆锥花序。浆果状核果近球形，径6.5毫米，熟时黄褐色，果实梗膨大。5～7月开花，8～10月结果。

为什么叫枳椇？《本草纲目》记载："枳椇，徐谐注《说文》作'枳枸'又作枳枸，皆屈曲不伸之意，此树多枝而曲，其子亦卷曲，故以名之。"实际是果序梗卷曲。至于糖果树则是说明它的果序梗含糖很多的意思，北枳椇的别名甜半夜意也同此。

古人早已知枳椇的果梗和种子可入药。《食物本草》记载："枳椇，止渴除烦，去膈上热，润五脏，利大小便，解酒毒，止呕吐。"其中解酒醉的功能显著，宋代诗人苏东坡的《眉山集》中有个故事，苏东坡的同乡揭颖臣有病，症状是饮食倍增，小便频出，请了许多医生，都认为是糖尿病（当时称为消渴症），治了许久都没有治好，自以为无望了，苏东坡介绍了一个医生为之治疗，这医生认为非消渴症，即不是糖尿病，而是酒中毒。酒性热，使人喜喝水，水多了，小便也多了，因此症状好像是消渴症，实际上却不是，医生用枳椇子治之，病竟然好了。民间有谚语云"千杯（酒）不醉枳椇子"，说明枳椇子有很好的解酒功效。

在北京可看到北枳椇，房山区上方山的天梯山沟中即可见到，昌平区的沟崖山地也有，生长尚好。

还有名叫沙拐枣的植物，虽有"拐枣"二字，却与上述植物不同，而是属于蓼科沙拐枣属中的一个种，分布于内蒙古、甘肃和新疆，为灌木，高1～1.5米，一年生枝绿色，有关节，叶条形、小，长仅2～4毫米，花小、淡红色，瘦果宽椭圆形，外有刺毛。沙拐枣生长于干旱沙地，枝条呈曲拐形，因此得名。

十六、六道木奇闻

六道木是北方山区多见的一种灌木，因其茎上有6条纵浅沟而得名，此木坚韧，可用来制成拐杖。

六道木有什么奇闻？据说从前在山西五台山区定襄县城有个大财主，到了收租时，派大儿子去收租，在回来的路上碰上了强盗，身上钱财全被抢走了。财主只得叫二儿子去收租，结果又被强盗抢了，分文未留。财主气急败坏，训斥两个儿子从小学武艺，花了好多银两，结果不顶用。小儿子听了，心里不服气，就说："爹，我去，我不怕强盗。"财主觉得小儿子勇敢，就答应了，但他才12岁，于是派了两三个随从保护他。小儿子在收租回来的路上，果真又碰上强盗了，随从们准备战斗，小儿子说你们不用动手，让我去跟强盗头头谈谈。走在前头的强盗头头，见是一个小孩子，没把他放在眼里，就说："快把身上的钱拿来，否则没你的命！"小儿子在强盗面前不慌不忙地说，"你们找死来了！"但见他将随身带的一根六道木棍用力折断，棍子断面呈尖刺剑形，他向对方胸前用力一捅，就刺入强盗的胸腔，顿时血流如注，强盗头头倒下了，其他强盗见状大惊失色，四散逃跑了，小儿子和随从顺利回到了家。财主听闻此事十分高兴，说："六道木比刀枪还厉害啊！"

六道木在民间几乎是家喻户晓的植物，至今被民间用来制成拐杖，因为其木坚硬、韧性好，还有人用此木根部膨大部分雕成龙头形。

六道木

在《杨家将演义》第三十五回中有个故事说，在宋辽大战时，辽兵有个天门阵，杨家将攻不破，据说要破必须用一根名叫"降龙木"的木头做兵器的柄才成。杨六郎派儿子杨宗保去找降龙木，结果杨宗保去山寨与女将穆桂英成了亲，并找到了降龙木，后来大破了天门阵，取得胜利。这降龙木实际就是六道木。

六道木属于忍冬科六道木属，此属有约30种，中国有9种，大多产于中部和西南部。北方常见一种即六道木。它是落叶灌木，茎高约3米，一般直径2～3厘米，叶为单叶对生，叶柄极短，叶片长圆形或披针形，上面有短柔毛，边缘有疏缺刻状锯齿。花常2朵生枝顶，无总梗，花萼为4个裂片，呈叶质绿色，花冠筒状，4裂，雄蕊4个，2长2短。内藏瘦果弯曲形，有毛。6～7月开花。

六道木分布在东北和华北地区，北京各山区中海拔400米至千米以上均有生长。它可以引种作观赏花木，其茎干的6个纵沟也有观赏价值。

和上述六道木很相近的另有一种名叫南方六道木，两种唯一明显区别之处为南方六道木的两朵花下有一极短的总花梗，而六道木两花无总花梗。南方六道木分布在甘肃、陕西、河南，向南可达江西和浙江、安徽等省。

十七、红木家具的红木是什么树木？

常见报纸上报道有红木家具出售，价格昂贵。这种家具使用的红木是什么树木的木材呢？

在植物的科中真有个红木科，仅一属红木属，1属4种，其中红木最有名，产自美洲热带地区，中国引种在广州、台湾、云南。它是一种灌木或小乔木，只供观赏用，显然不是制家具的红木。

红木家具的红木来自不同的树木，因此红木是个商品名，不是专指一种名叫红木的树木。国家标准中红木所属的树种有5属8类33个树种。广义的红木就包括这么多树种。在商品中狭义的红木专指"酸枝木"，也是商品俗称，其中又有红酸枝、黑酸枝之分。红酸枝原树种为"交趾黄檀"，产于越南、泰国、柬埔寨；另有"巴里黄檀"，产于亚洲的热带地区。黑酸枝的原树种为"黑黄檀"，产于东南亚及中国云南；还有"刀片状黑黄檀"，产于缅甸。

木材学术界又有所谓老红木和新红木之分。老红木一般指"交趾黄檀"制的红木（还有别的种，从略），木色呈深红色，有深色条纹（深色条纹是比较稳定的特征），而且带酸醋味。新红木多指"奥氏黄檀"的木材，广东俗名"白酸枝"。此种树产于缅甸、泰国和老挝。木材色较浅红，浅色木材中夹有深紫条纹的，产于缅甸。还有一种新红木，色淡黄，产于缅甸、老挝相邻地带。从木色深淡上能区分出新、老红木，尤其制成家具后，只有有经验的人，

唐螺钿紫檀彩绘棋盘

才比较能识别。老红木多出在清代中期，民国时期多出新红木。

豆科的紫檀属有几十种，只有檀香紫檀这个种的木材特别优质，其木材称"紫檀木"，制成的家具为极品。

紫檀属还有别的种，出的木材称"花梨木"，多产于外国，都很贵重。另外，还有俗名"鸡翅木"的木材，其原植物也是豆科的，属于崖豆藤属的种，名叫非洲崖豆藤和白色崖豆藤，前者产于非洲，后者产于缅甸。

豆科决明属的铁刀木，产于东南亚及中国云南、广东、广西、福建，为乔木，羽状复叶，花黄色，荚果条形，长达30厘米。其木材也叫"鸡翅木"。

花卉——人类精神的寄托

百里杜鹃

花卉与人类生活关系密切，这从当今几乎家家户户都养花可以看出来。养花对很多人来说其实是一种精神寄托，人每天看到了花，精神为之一爽，可能烦恼的事就都忘了。意大利诗人但丁在他的《神曲》中就写道："我向前走去，但我一看到花，脚步就慢下来了……"很显然但丁见到了花，就被花所吸引，脚步放慢了欣赏花，花给了他心灵以美感，这是别的东西不易做到的。唐代诗人白居易曾写《买花》一诗："家家习为俗，人人迷不悟"，深刻表达了当时大众爱花之情。

当今书店中有关花卉的书多有彩色照片，观书如亲临真实的花境。这说明现在人们的物质生活改善了，精神的需求也随之提高，看花属于人类的精神需求。

本书只选择介绍一些重要的花卉。

一、牡丹的名气

中国十大名花中，牡丹与梅花不相上下，但在许多人眼中，似乎牡丹更受宠些，这主要原因是牡丹多生长于北部，梅花则主要分布于长江以南地区，而自唐代以来都城多在北部。牡丹曾被誉为国花。如洛阳历史上牡丹极盛，"唯有牡丹真国色，花开时节动京城"之诗句，足以说明国人对牡丹之器重。

在中国多次评选国花的活动中，梅花、牡丹各有大批拥护者，相持不下时，有人提出二者皆入选，但一国一种国花更突出其象征意义。牡丹花作为国花有历史渊源，唐代洛阳即以牡丹为盛，已有国花的地位，后都城迁到了北京，有寺庙里种了很多牡丹，有人送匾此寺，名曰"国花寺"。可见国人以牡

豆绿牡丹

丹为国花的信念是一直延续下来的。另外，更重要的一点是牡丹在北京能露天生长且生长得很好，例如颐和园的牡丹就栽在花台上。牡丹不喜土湿，花台土不干不湿，易于生长。又如中山公园，牡丹生长得也不错。总之在北京，牡丹年年绽放，吸引了众多游人。北京是首都，国花生长在首都，更突显出花与国的象征意义。而梅花由于在北京尚不易露天过冬，更谈不上广泛种植了，如果今后攻克这一难题，解决梅花在北京能广泛种植且越冬不衰的问题，那也许会有另一番考虑了。

牡丹花是一种小灌木，但开的花却特大，其直径最大可达到30厘米，色彩以红的为多，其他的观赏花卉除芍药以外，恐难有与其匹敌者。正因花大色艳，令人惊奇，故而广受欢迎。历史上，唐代咏牡丹的诗特多，唐代大诗人白居易着迷于赏牡丹，从他的诗句可以看出："花开花落二十日，一城之人皆若狂"，这一城之人肯定包括白居易自己也在内。洛阳牡丹有千多年历史，至今仍年年有牡丹花会，春日赏牡丹已成了此城的固定风俗。

　　唐代女皇武则天是一位喜欢牡丹的天子，她把长安城的牡丹移到洛阳，也将甘肃和山西的牡丹移到了洛阳，也许她认为洛阳是牡丹花适宜繁殖生长的地方。据说每当牡丹花开时，她会带领文武百官游园赏花。有个民间故事说，武则天在长安时，忽下令要花园中的百花连夜开花，不准等到天明。次日武则天去看花，果见众花都开，只有牡丹不开，武则天发了怒，下令烧牡丹，一时烟雾弥漫，武则天也败了兴，岂知次年牡丹仍照常开花。人们因此盛赞牡丹：不惧天子，不怕火烧，实为"花王"。还有一说是牡丹不开花，武则天一怒之下，将牡丹贬到洛阳。种种传说大都是文人虚构的，但它反映了民间喜欢牡丹的心情。

　　除了洛阳牡丹，曹州牡丹也盛极一时。《聊斋志异》中《葛巾》一篇中说"葛巾紫"和"玉版白"这两个曹州的名贵牡丹品种实为两位美丽仙女，她们

牡丹

爱上了洛阳书生常大用兄弟两人，决定离开曹州到洛阳与他们结为夫妻，而曹州牡丹与洛阳牡丹因此名气大扬。

牡丹不只花大美艳、极富观赏价值，它的根皮还是名药，简称"丹皮"。记载于《神农本草经》，有清热凉血、活血散瘀的作用，治热病吐血、衄血、血瘀、痛经、跌打瘀血、高血压、过敏性鼻炎等。

为什么叫"牡丹"？李时珍的解释是"牡丹以色丹者为上，虽结子而根上生苗，故谓之牡丹。"牡丹属于毛茛科芍药属，为落叶灌木，高不过2米，二回三出复叶，小叶3或2裂。花单生茎顶，直径10～30厘米，一般在20厘米左右，多为重瓣，红紫色、白色或黄色，偶有绿色，雄蕊多数，花盘杯状，红紫色，包心皮，心皮熟时裂开，心皮常为5，密生柔毛，蓇葖果。多在黄河中下游地区栽培，少见野生种。

据研究表明牡丹花所在的芍药属，其花中的雄蕊成熟次序是从中心向外围进行，称为离心式雄蕊，与毛茛科其他属的雄蕊成熟次序由四周（由外）向中央（向内）的向心式不同，因此将芍药属单独成立芍药科。

芍药

二、芍药花美好

谈牡丹花时，总会联想到芍药。芍药与牡丹，还有梅花、荷花、兰花、菊花合称为中国古代公认的名花。芍药有"花仙"之称，它与牡丹被人们分别称为"花相"和"花王"。公元前6世纪时的《诗经》中已有芍药的记载。为什么叫芍药？《本草纲目》记载："芍药犹绰约也 。"意思是说芍药的花容绰约，故以为名。

芍药

中国栽培芍药最兴旺的时期是宋代。宋代陈师道曾说："花之名天下者，洛阳牡丹，广陵芍药耳。"广陵就是今日的扬州，扬州今日仍以盛产芍药花著名。

清代黄慎曾作《芍药》："樱桃初熟散榆钱，又是扬州四月天。昨夜草堂红药破，独防风雨不成眠。"诗说扬州四月芍药初开，生怕芍药被风雨摧残而夜不成眠。

宋代王禹偁有诗《芍药开花忆牡丹》："风雨无情落牡丹，翻阶红药满朱栏。明皇幸蜀杨妃死，纵有嫔嫱不喜看。"此诗说明牡丹花谢后芍药花开，由于喜牡丹花，以致芍药开时也无心欣赏。此诗用花比喻怀念的心情。

宋代蔡繁卿守扬州时，每年收集很多芍药，举行万花会，人们为芍药狂欢。宋代诗人苏东坡《东坡志林》所言："扬州芍药为天下冠"。

中国盛产芍药之地除扬州以外，还有山东菏泽、安徽亳州、浙江杭州等。北京各大公园均有芍药栽培。

芍药的颜色有红色、紫色、淡红色、白色、黄色等，其中尤以紫色和红色的最为名贵。

《御香缥缈录》记载：清代慈禧太后喜食花，将完整的芍药花瓣浸在以鸡蛋调和的面粉里加鸡汤，再放油锅中炸透，就是美食了。

芍药的根为中药，有白芍、赤芍两种。白芍有养血平肝的作用，赤芍有泻肝火散恶血的作用。

芍药在北方可找到野生的，北京山区即有。另有一种名叫"草芍药"的野生种，与芍药不同地方在于它的小叶呈倒卵形，叶边缘无软骨质的小齿，花常单生；而芍药的小叶较狭，呈狭卵形或披针形，边缘有骨质细齿。花常几朵生于茎的上部。此种分布广，从东北、华北至西南，北京山区也有。其根入药，有养血调经、凉血止痛的功效。

三、梅花之美

中国人喜爱梅花也是有悠久历史的。春秋时代，越国使者出使梁国，晋见梁王时，以一枝梅花作见面礼，在南方的越国送梅花是表达诚挚友情的好办法，而北方的梁王因为北方无梅还领略不到这种礼节的诚意。

南朝时，有个地方的太守叫陆凯，与史学家范晔是朋友。陆凯从江南寄一枝梅花送给在长安任官的范晔，附了诗："折花逢驿使，寄与陇头人。江南无所有，聊赠一枝春"。从江南托驿使送枝梅花给长安的好友，是以梅花表达自己对好友的深厚友谊，只不过这枝梅花要很长日子才能到达长安，到了之后，可能梅花已开败了，但这并不影响二人的友情。

笔者的家乡在江南，对梅花的印象还停留在少年时代。记得某年冬天将去、春天要来时，百草还是一片枯黄，走到梅树边，猛抬头，但见古老的枝干上已疏疏落落点缀了一些白色的梅花。花朵那么洁白、那么孤芳，天气还那么寒冷，但梅花不怕。离开故乡已半个多

龙游梅

世纪了，脑海中对梅花的印象仍深，拂之不去，于是读了很多有关梅花的诗和文。像前文提到的"江南无所有，聊赠一枝春"确实是绝句。

淡丰后梅

古人赏梅确实深入，像宋代的林和靖，曾作《山园小梅》，诗云："疏影横斜水清浅，暗香浮动月黄昏"。此诗被赞为颂梅的绝唱。此诗前句形容梅的"身姿"，后句说梅花的"神韵"。无一个"梅"字、"花"字，而梅形却跃然纸上，其审美的意境不同凡响。

清代诗人龚自珍对赏梅有自己的看法："梅以曲为美，直则无姿，以欹为上，正则无景，以疏为贵，密则无态。"这恐怕是专门对梅的造型的总结，其审美观点自有独到之处，但也有人质疑，像上述这种姿态的梅，对梅本身说不是正常生长状态，只能称为"病梅"。梅姿到底怎样为好，观点恐怕是无法统一的。

梅花自南宋起受到重视，由于梅生于南方，南宋都城设在江南，百姓视梅为花中尤物，理所当然。宋代范成大的《梅谱·前序》赞梅云："天下尤物，无问智贤愚不肖，莫敢有异议。学圃之士，必先种梅，且不厌多。他花有无多少，皆不系重轻。"在南宋时由于民众广泛爱梅，就有不少人士称梅为"花魁"了。由于梅花开得早，先天地而春，有领导群芳之意境，才称之为"花之魁首"的。因此选国花时，不少人首选梅。

梅花属于蔷薇科的李属，为落叶乔木，嫩枝绿色，无毛。叶宽卵圆形，先端长渐尖，边缘有细锯齿。花白色或淡红色。核果近球形，有沟，果核卵圆形，有蜂窝状孔穴。江南地区广为栽培，也有野生种。

梅花与杏花的区别：梅花花朵直径2～2.5厘米，杏花花朵直径2～3厘米，梅花萼筒广钟形，杏花萼筒圆筒形，萼片花后反折。梅的果实的核表面有蜂窝状凹点；杏的果核平滑，沿腹缝线有纵沟。

四、荷花的魅力

荷花又称莲花、芙蓉、芙蕖、菡萏……等等，别名极多。此花的原产地旧说为印度，但从浙江余姚距今七千年的河姆渡文化遗址中，发现有荷花的花粉化石，在河南郑州距今五千年的仰韶文化遗址中发掘出两粒炭化莲子，这才知荷花原产中国。

中国栽种荷花历史悠久，人民对荷花有深厚的感情。古代诗人咏荷的很多，唐代诗人王昌龄的《采莲曲》十分有趣："荷叶罗裙一色裁，芙蓉向脸两边开。乱入池中看不见，闻歌始觉有人来"。诗中形容女子的罗裙与荷叶一色，荷花红红的犹如女子的脸面，人花不分，听到歌声，才知有人来。采莲之趣味情景跃然纸上。宋代诗人杨万里

中山古莲

有一首咏莲诗云："毕竟西湖六月中，风光不与四时同，接天莲叶无穷碧，映日荷花别样红。"诗中荷花在日光下特别美，是诗人的亲历感受。宋代周敦颐作《爱莲说》一文，赞荷花"出淤泥而不染，濯清涟而不妖，中通外直，不蔓不枝，香远益清，亭亭净植，可远观而不可亵玩。"特别是"出淤泥而不染"一句，君子的形象感人至深。

荷花经过长期培育，花色有红有白，还不时出现两花并蒂的现象，称为"并蒂莲"，被视为美好的吉祥的现象，男女双双相爱的象征。为此诗人王勃有诗云："牵花怜并蒂，折藕爱连丝。"诗中喻并蒂莲为忠贞的爱情。民间还有歌谣赞并蒂莲："花开两姐妹，蒂并一夫妻；芬芳共珍重，风雨紧相依。"

清代李渔写有一篇名为《芙蕖》
的散文，文中赞荷花一生贡献大，有别
于常人。文中认为荷花未开前，风韵
即十足，为他花所不及，"目荷钱出
水之日，便为点缀绿波，及其幼叶既
生，则又日高一日，日上日妍，有风
即作飘摇之态，无风亦呈袅娜之姿，是

荷花

我于花之未开，先享无穷逸致矣"。等到花开时美丽，直到夏秋不绝："迨至菡
萏成花，妖姿欲滴，后先相继，自夏徂秋，此则在花为分内之事，在人为应得
之资者也"。等到花谢后还有莲蓬、翠叶："及花之既谢，……及复蒂下生蓬，
蓬中结实，亭亭独立，犹似未开之花，与翠叶并擎，不至白露为霜，而能事不
已"。李渔写到此并未完，又说荷花："可鼻则有荷叶之清香，荷花之异馥，避
暑而暑为之退，纳凉而凉逐之生。至其可人之口者，则莲实与藕，……只有霜
中败叶……乃摘而藏之，又备经年裹物之用"。李渔对荷的全身皆为宝又作小
结云："是芙蕖也者，无一时一刻，不适耳目之观，无一物一丝，不备家常之用
者也。有五谷之实，而不有其名，兼百花之长，而各去其短。种植之利，有大
于此者乎？"李渔的赞荷花，恐无人出其右。他称荷花兼有百花之长而各去其
短，尤有见地。

荷花属于睡莲科莲属，有两种，一种产于亚洲、大洋洲，另一种产于美
洲。睡莲科的睡莲属有60种，中国有5种。还有王莲属有3种，其中王莲原产南
美亚马孙河流域，中国有引种。王莲以叶大形奇而著名，其叶圆盘形，边卷起
有裂口，叶径达1.5～2米，有"世界最大的叶子"之称。

五、兰花香得好

20世纪70年代末，陕西汉中北大分校一位领导喜欢兰花，在当地山区采了
兰花养在盆中，置于楼道，待开花时，几乎一层楼都闻到香味。这盆兰花，叶

子丛生，狭条形很长，是属于兰科兰属的种。

　　兰属（*Cymbidium*）中著名种为春兰、蕙兰、建兰、墨兰、寒兰等。春兰是春季开花的，蕙兰夏季开花，建兰秋季开花，墨兰、寒兰冬季开花。这些兰花中又以春兰最为名贵，它多是一茎一朵花，偶2朵花，其他的种都是一茎数朵花。浙江省产兰花尤为有名，如历史上浙江有一种名叫"绿云"的春兰，被人赞叹为："杭州散发出两千年馨香"。传说清代同治年间，杭州郊区一穷苦农民从山地挖到一株有奇香的春兰种在自己家里，城里一笔店老板得知，竟将此兰花和农民的女儿一起迎回了家，成为当时的佳话。可见那时一株奇异兰花的吸引人的魅力。

大花蕙兰

　　蕙兰植株稍大，叶长，弯而下垂，产地同春兰，产于中国、日本、朝鲜半岛南端。建兰叶宽而直，深绿色，分布于福建、广东、云南。墨兰花色深，有紫褐色斑纹，春节前开花，又称报岁兰。不很香，叶片宽长，长达1米，产于福建、台湾、广东。寒兰花瓣较窄，有多种色，很香，花茎细，产于浙江南部、福建、江西、台湾。

　　兰花属于兰科，此科为大科，有约700属20000种，仅次于菊科。除了兰属产名花以外，还有蝴蝶兰属的蝴蝶兰，花形花色均漂亮，盛产于中国台湾，尤以兰屿为盛，兰屿之名即因产此兰而得。蝴蝶兰在第3届国际花卉展览会上获得"群芳之冠"的美誉。

兰科还有很多著名的药用植物，如天麻为腐生草本，其块茎入药，有祛风、镇痉的作用，治头痛。手参以肉质块根入药，有补肾益精、理气止痛的作用，治神经衰弱。白及以地下块茎入药，有补肺止血、消肿生肌的作用，治肺结核咯血。

在了解兰花等兰科植物时，应注意，兰和兰花有区别，屈原《离骚》中的"兰"、"蕙"不是兰花而是另外两种植物。据清代《广群芳谱》一书："兰花蕙花，一类二种……皆非古之所谓兰花、蕙草也。"古代的兰，记载的有兰草、蕙草、泽兰三种，都不是兰科植物，而是菊科植物，古代所谓的"国香"、"王者香"皆非兰花。兰与兰花的区别，可详阅贾祖璋的《兰和兰花》。

另外还应注意：有许多植物名中有兰字，但多不是兰科植物，如北京春天开花的二月兰（也作二月蓝），原产非洲的鹤望兰，还有吊兰、凤尾兰、香雪兰、紫罗兰、君子兰、泽兰、佩兰、木兰、玉兰、香青兰、金粟兰、嘉兰等。鹤望兰属于旅人蕉

紫罗兰

科；紫罗兰属于十字花科；君子兰属于石蒜科，吊兰、嘉兰和凤尾兰属于百合科；香雪兰属于鸢尾科；泽兰和佩兰属于菊科；木兰和玉兰属于木兰科，香青兰属于唇形科；金粟兰属于金粟兰科。

六、菊花有特色

菊花是中国十大名花之一，其地位恐不下于牡丹和梅花。其原产地是中国，其历史也极悠久，有3000多年栽培史。唐宋时代传到日本，17世纪传到欧洲的荷兰，18世纪末传入英国，19世纪中叶传入美国，如今菊花已遍布世界各地。

金盏菊

春黄菊

由于栽培历史悠久，中国古代书籍中早已有菊的记载。战国时屈原的《离骚》中有："朝饮木兰之坠露兮，夕餐秋菊之落英。"《礼记》中记有："九月，菊有黄华。"历史上咏菊诗很多，赋也多。晋代陶渊明有："采菊东篱下，悠然见南山"之句；宋代女词人李清照有名句："莫道不销魂，帘卷西风，人比黄花瘦"（黄花即指菊花，当时菊是黄色的）。唐代黄巢《咏菊》云："待到秋来九月八，我花开后百花杀，冲天香阵透长安，满城尽带黄金甲。"唐代白居易作《重阳夕上赋白菊》诗云："满园花菊郁金黄，中有孤丛色似霜。还似今朝歌酒席，白头翁入少年场。"这是说菊花多黄色，但也有的起了变异，开出白色花来。

菊花的故事也很有趣：传说古代山东泰安县有个叫刘月潭的人，酷爱菊花，只要知道某地有菊花名种，就想方设法将其买来。他自家的园地里种了许多种菊花，成为菊花园。一天，他家来了个道人，对他说，他家住南山谷，种了不少菊花，何不去赏一下菊花呢？刘听了，高兴得不得了，马上就随那道人去山谷。他们走了不知多少路，翻山越岭后，到了一狭长山沟中，但见满谷长满了各种各样的菊花，美丽极了。有的菊花花大如盘，特别奇异。刘看到那些菊花，简直入了迷了。他又发现道人住的山谷的菊花根部都长出好长的嫩芽，令他惊叹不已，就问道人，道人说这山谷土地肥沃，气候特好，加上种植得法，就生长好，芽也特茁壮。刘月潭向道人讨要了两个菊花芽子和一枝白菊后，就高兴地回去了。刘月潭回到家后，将白菊插在瓶子养着，将菊花芽子种在园子里，细心培养，那瓶里的白菊经一个冬季开花极盛，而地里的菊芽也长成和道人山谷里的一样漂亮。刘月潭想再去要些奇种来，可到那里一看，菊花谷全无，只见山峦重叠。据说那山里有一位"菊仙人"，只有有缘的人才得一见，刘月潭所见的那道人，可能就是那位"菊仙人"。

菊花属于菊科菊属，本属有200种左右，中国有约50种，后来有学者将菊属分为多个较小的属。约30种主产于中国、朝鲜、日本和俄罗斯，中国有17种。因此，中国为菊属植物分布中心，其中就含菊花这个种，而菊花经人工杂交培育，至今品种极多，有5000个以上。这么多菊花品种，要区分它们，多要从花冠的形态分。菊科植物最大特点是有总苞的头状花序，每个头状花序由或多或少的花朵聚集在总花托上形成的，下托以由许多苞片组成的总苞。

七、杜鹃花开映山红

少年时代，笔者对杜鹃花印象很深。记得江南农村叫杜鹃花为映山红，花开时漫山红遍，那是一种灌木野花，每年三月为花期，到时总要去山坡上折几枝插在瓶子里养几天。

杜鹃花属于杜鹃花科杜鹃花属，此属有数百种，在江南丘陵地带常见的就是映山红。它的花形似喇叭，有20多朵簇生枝顶，花长约4~5厘米，有5裂片，10个雄蕊，蒴果卵圆形，有密毛。

杜鹃花为什么有"杜鹃（鸟）"之名？传说周朝末年，古蜀国君主杜宇（望帝）时，连年闹洪灾，国王见百姓受苦，就四方招贤人治水。一个名叫鳖令的人治好了洪水，国王就让位给他，自己则隐居于山中。后来他化作一只杜鹃鸟，在春夏之交时，就啼叫"布谷，布谷"，催农民快耕

杜鹃花枝

作。由于日夜啼叫，口中滴血了，血染到花上，杜鹃花变成了红色。

在众多咏杜鹃花的诗中，唐杜牧的《山石榴》特好。诗云："似火山榴映小山，繁中能薄艳中闲。一朵佳人玉钗上，只疑烧却翠云鬟。"（山石榴即杜鹃花）杜鹃花开红遍了小山，人置身此景之中，姑娘家定会采

杜鹃花

花插在玉钗上。但诗又提出，杜鹃花红如火，像会烧毁了发鬟似的。作者手法奇妙，使美女与红色的杜鹃花相映成趣。

宋代杨万里有一首《映山红》："何须名苑看春风，一路山花不负侬，日日锦江呈锦样，清溪倒照映山红。"诗中说何必去名园看花呢，野外山花很好看，锦江中流动着映山红的倒影不很好吗？作者借清溪中的映山红影子，反衬出杜鹃花的美丽。

唐代诗人白居易特喜杜鹃花开的红色美景，他赞杜鹃花的"回看桃李无颜色，映得芙蓉不是花"及"此时逢国色，何处觅天香"之句，几乎让杜鹃花与牡丹比美了。

杜鹃花属有800种，中国有650种，除了上述的映山红以外，中国大部分杜鹃花种类生在西南区的高原、高山区域，如横断山区特多。它与另两种报春花（属报春花科报春花属，中国也有数百种，为草本花卉，野生）和龙胆花（属于龙胆科龙胆属，中国有200多种，皆为草本）合称中国高山花卉中三大名花。这点为世界各国花卉园艺家所公认，西方园艺学家说："无中国花卉，便不成其为花园"。

在中国的杜鹃花种类中，有奇种大树杜鹃，一般杜鹃花为灌木，但大树杜鹃为大乔木，高达25米。叶大，长达37厘米，宽达12厘米。花聚生枝顶，花可多达25朵，花大，粉红带紫色，花冠钟状，美丽。此种产于云南西部高黎贡山

山区丛林中。

华北、东北地区杜鹃花种类少，北京山区早春开花（先叶开花）的种为迎红杜鹃，花淡红紫色。东北有一种叫兴安杜鹃，花粉红色，花冠似上种，漏斗状，但较上种小。这两种在朝鲜也有分布，朝鲜国花"金达莱"可能就是由这2个种而来的。

八、山茶花红艳艳

茶花指山茶花，属山茶科山茶属，是一种常绿灌木或乔木。叶卵形或椭圆形，革质，上面有光泽。花单生或对生于叶腋，多重瓣，红色，鲜艳。本种原产中国南部，以云南栽培为多，十大名花之一。

山茶花自古闻名，多为诗人咏颂。宋代诗人陆游有《山茶一树自冬至清明后著花不已》的诗："东园三日雨兼风，桃李飘零扫地空，惟有山茶偏耐久，绿丛又放数枝红。"诗意是山茶比桃李花强，因山茶有顽强的抗性，不畏严寒，花期长久。

山茶花

唐代诗人司空图作《红茶花》诗，
称赞红山茶花，认为牡丹花不如红茶花：
"景物诗人见即夸，岂怜高韵说红茶。
牡丹枉用三春力，开得方知不是花"。

山茶花

山茶花红艳动人但不媚，有人为此
专作诗："艳如天孙织云锦，頳如姹女烧
丹砂；吐如珊瑚缀火齐，映如蟃蜒凌朝霞"。

据《云南通志》："云南茶花奇甲天下，明晋安谢肇淛谓其品七十有二，豫
章邓渼纪其十德，为诗百韵。赵璧作谱近百种，以深红软枝分心卷瓣为上。"

我们从宋人徐致中的诗："山茶本晚出，旧不闻图经；迩来亦变怪，纷然著
名称"来看，宋代文人已知咏山茶，但山茶尚不普遍，明代及以后山茶才兴盛
起来。

云南省是中国山茶花盛产地，这从杨慎的词可知："正月滇南春色早，山茶
树树花开了，艳李妖桃都压倒，装点好，园林处处红云岛"。又明代李东阳有
诗云："古来花事推南滇，曼陀罗树（即山茶树）尤奇妍，拔地孤根耸十丈，威
仪特整东风前。玛瑙攒成亿万朵，宝花烂漫烘晴天。"诗中说亿万朵红艳的山
茶花，好不威武感人。

云南的山茶花以玉龙山玉峰寺内的"万朵茶"闻名于世。在一个小院子中
有一株不高的山茶，主干很矮，但枝条多而四展，几乎占据整个院子，据说每
年花开时，可先后开出几批花朵，总共达到万朵以上。20世纪90年代初，笔者
去看过，可惜花期已过，但看那树的干不高，据说是两种茶花嫁接成的，在主
干上尚可见嫁接的痕迹。开花时，花大如牡丹，可开花上万朵。此树在明代时
即已闻名，明代大旅行家徐霞客对它有过描写，被誉为云南省第一山茶花。

山东省崂山有许多山茶树，最有名的一株生长在上清宫，为清著名文学家
蒲松龄在《聊斋志异》香玉篇里赞美过的山茶花。小说中称之为山茶花仙"降
雪"。书中写"从十月开花至次年三月。遇雪压花，夫见白者雪也，红者花

也，黄者花之心，绿者花之叶也"。

山茶花品种很多，但大都是红色的花朵，也有白色的，早期不见金黄色的。也真是自然界赋予中国奇花多，后来在广西和云南发现了金茶花，花色金黄，美丽极了，茶花专家、花卉园艺家及国人皆大欢喜，茶花园里又多了一个新成员。据说外国有专家闻之，就到与中国西南地区邻近的国家去找开金黄色花的山茶花，千辛万苦，一无所获。

山茶花是环保植物，它能抵抗有害气体，如二氧化硫、硫化氧和氯气，另外，它的吸附能力强，因此，在工矿企业附近栽山茶，既美化又净化环境。

山茶花的花入药，有凉血、止血、散瘀消肿的功效，治吐血、便血、衄血。

九、水仙花故事

去年冬，友人送了我几头水仙，我把它养在瓷盘中，没过多久，出苗了。真没料到，这几头水仙可能是特殊品种，它出的叶较短而宽，花莛又高出叶较多，特别是开的花多，"帅气"的外形，真令人兴奋不已。

水仙这花真秀气，花朵亭亭玉立，叶子碧绿，簇拥花莛，让人百看不厌，使冬季室内变得生机勃勃。

水仙属于石蒜科水仙属。这一属的拉丁学名为 *Narcissus*，据希腊传说是个美少年的名字。有个仙女叫厄科，对他钟情，他却无动于衷，并且他对许多爱他的女子都是冰冷如霜的态度。于是厄科悲伤地隐居起来，只留下回音。英语中的"echo（厄科）"就是"回音"之意。这个美少年对女子冷冰的态度，使他受到复仇女神的惩罚。一次美少年到了水边，看见了自

水仙

己在水中的影子之后，感到非常孤独，终至死亡，变成了水仙花。

中国民间也有水仙的传说。传说明代景泰年间，有个名叫张光惠的福建漳州人，由于不愿当官，便辞职回乡。在过洞庭湖时，忽见一位美丽的女子站在象牙刻成的船上，向他驶来。待他用心看时，美女的船不见了，但见湖上飘来一丛花，花如白玉盘，花心像金盏，张想这肯定是仙花，就用心祝祷曰："凌波仙子国色香，湖上漂浮欲何往？岂愿伴我南归去，琵琶坡下是仙乡"。待仙花近前时，张将花托起，供养在瓷盆中。他把花带回到家乡漳州的琵琶坡，不久将仙花种在门前圆山坡下的琵琶坂花园中，大量繁殖起来。由于此花爱水养，人们就称它为水仙花。

类似的传说还有：一年的寒冬腊月，福建漳州圆山脚下一个村子里，有一乞丐走到村头，向一户穷人讨饭。这人家太穷，男的出去借粮未回，有个小孩正在生病，他的母亲见这乞丐十分可怜，就将家中仅存的一碗稀饭端给乞丐吃。乞丐被主人的善心感动，就走到主人的农田边，将饭吐到田里，然后跳入一水池中不见人影。后来农田中生出许多白色的花，花形奇特又香味扑鼻，人们见此情景，都猜测那乞丐是个"水仙"，就叫此花为水仙花。

《内观日疏》还记载了一个美丽动人的故事：据说住在长离桥的姚姓妇女，在一严寒的夜里做了个梦，梦见天上星斗落地，化作一丛水仙花，她将花采食了。醒来后，生了一个女儿，女儿长大后美丽而又聪明，因此人们称水仙花为"姚女花"。

水仙有很多别名，如六朝时叫它为"雅蒜"，因其鳞茎像大蒜的鳞茎，叶子也像大蒜的叶子。宋代时叫水仙为天葱，因其茎秆（花莛）像葱。水仙又被称为"凌波仙子"，顾名思义，水仙水生，似仙人，故有"凌波仙子"之称，这个叫法来自宋代诗人黄庭坚的诗句："凌波仙子生尘袜，水上轻盈步微月"。水仙还有"金盏银台"之称，因水仙花白色如盘，花心黄色如酒盏的缘故。"玉玲珑"指花瓣卷皱，下黄上白，形态极为玲珑雅致。又由于水仙开花在春节前后的隆冬下雪时，故人们称它为"雪中花"。

十、月季花四时开

月季花原产于中国，为落叶灌木，属蔷薇科蔷薇属，别名有月月红、斗雪红、长春花、四季花等。

月季花的植物形态突出的是枝上有皮刺，可用手掰下来。奇数羽状复叶，小叶不多，只有3～5片，少有7片者，小叶片也较大，长可达6厘米，宽达3厘米，无毛。花朵较大，直径达6厘米，多单生或几朵聚生，花色多种，花季特长，几四时皆有。蔷薇果卵圆形。月季是广泛栽培的名花。

月季花的花期长达四季，这一特点为其他名花所望尘不及，因此不少古代人抓住这一点作诗咏之，也反映古代人对此的重视。突出的如宋代诗人杨万里有诗云："只道花无十日红，此花无日不春风。"还有的诗云："花开花落无间断，春来春去不相关。""雪圃未容梅独占，霜篱初约菊同开。"还有人作诗云："一枝才谢一枝妍，自是春工不与闲，纵使牡丹称绝艳，到头荣悴片时间。"诗人认为牡丹艳丽但花期短，不如月季花花期长好。

赞月季花花期长的诗还有韩琦的《月季》："牡丹殊绝委春风，露菊萧疏怨晚丛。何似此花荣艳足，四时长放浅深红。"

月季

月季

中国月季花是在宋代传入印度的，以后又传到欧洲各国，外国人对中国月季特别欢迎，称之为"花中皇后"。将中国月季与欧洲蔷薇多次杂交，培育出花朵特大、色彩艳丽的"香水月季"。而后又不断培育出新品种，至今已有一万多个品种了，中国园艺家也培育出许多新品种。月季花风行世界，出尽了风头，中国今天有许多城市选月季花为市花，月季花也是北京市市花之一。

关于月季传去欧洲，还有一个有趣的故事。法国要从中国引种大量月季，但当时（18世纪末）英、法正在打仗，交通受阻，由于欧洲人喜欢中国的月季花，交战双方竟同意暂时停火，让英国军舰护送运载月季花的船顺利通过英吉利海峡，到达法国，将月季花交给当时的拿破仑二世的夫人约瑟芬王后。从此这月季花得到了"和平月季"的美名。

月季花美丽，香气宜人，适于种在花坛中，或植于草地中作点缀，也可盆栽，都可带来不同的美感。

月季象征爱情，可作为情人节的礼品，在北京情人节出售的"玫瑰花"，实际很多是月季花的品种，大多数消费者对玫瑰、月季不分，只要花大好看即成。

月季花含香精油，可用于食品工业和化妆品工业。

月季花可入药，有活血、解毒的功能，治血瘀肿痛、月经不调、痛经、痈疖肿毒。月季花的叶子治淋巴结核、跌打损伤。

月季花繁殖用扦插法，北方七八月、南方春季剪半木质化枝条长约2～3寸，插于苗床中，株行距为3×4寸，扦深约2寸，要保持苗床湿润，大约一个月即成活，次年秋后可移栽。

十一、玫瑰花含情意

玫瑰花原植物为玫瑰，属蔷薇科蔷薇属。"玫瑰"二字，原为美玉之名。据《说文解字·玉部》："玫，火齐，玫瑰也。一曰石之美者。"《文选·司马相如（子虚）》注云："其石则赤玉玫瑰。"玫瑰由于花色紫红、艳如赤玉，故称为玫瑰。

玫瑰（花）的拉丁学名为*Rosa rugosa*。*Rosa*为蔷薇属。*rugosa*意为有皱纹的，是指它的小叶上面不平光、有皱纹，民间俗说为"老脸皮"样子。玫瑰小叶叶面有皱褶的特征一看便知，这一点使它不同于月季，月季的小叶较为平光无皱纹，而且小叶较大、数目也少些，一般3～7个；而玫瑰则小叶5～9个，从这个特征可以区分玫瑰与月季。月季的品种极多，玫瑰则非如此。从其果实说，玫瑰的果实扁球形，直径2～2.5厘米；月季的果实卵圆形或梨形，长1.5～2厘米，直径约1.2厘米。

玫瑰原产于中国，为古代传统花卉。唐代诗人徐夤写诗赞玫瑰："芳菲移自越王台，最似蔷薇好并栽，秾艳尽怜胜彩绘，嘉名谁赠作玫瑰。春成锦绣风吹折，天染琼瑶日照开，为报朱衣早邀客，莫叫零落委苍苔。"

玫瑰早已传到世界许多国家，欧洲人将玫瑰看作爱情的象征，但当中国的月季花传入欧洲后，那里常常二者不分，都一律叫玫瑰，时间长了也成了习惯。更早的时代，法国13世纪时，出现了"玫瑰传奇"的长诗，诗中写诗人与贵妇人的爱情，而那贵妇人名叫玫瑰，欧洲人视玫瑰为最高贵的花。公元15世纪时，英国发生过"玫瑰战争"，贵族为争夺王位而打仗，一方的族徽为红玫瑰，另一方为白玫瑰。

玫瑰

玫瑰由于栽培历史悠久，人们喜欢它的花好看又特别的香，就有民间传说流传下来。有个名叫玫瑰的姑娘，心地善良，长得美丽，被一财主看见，要强拉她走。姑娘一气之下，用随身带的刀刺死了财主，姑娘被财主狗腿子用箭射死，姑娘的血流到植物上，变成了玫瑰，其枝条上长满了硬而多的刺，以表示神圣不可侵犯，这被称为玫瑰精神。

玫瑰花的用处很多，它的花瓣中香精油含量高，又香得悦人，广泛受人欢迎，被大量栽培。著名的如北京妙峰山的玫瑰，在该山涧沟村一带山山岭岭遍植玫瑰，每逢花季（5~6月），香气弥漫山谷、山坡，令人陶醉。

玫瑰花花瓣是提取玫瑰油的原料，玫瑰油为高级芳香油，价格贵，大约1千克玫瑰油可换4千克黄金，1千克玫瑰油要用去4000千克玫瑰花瓣。

除了北京妙峰山产玫瑰以外，中国著名玫瑰种植地还有山东平阴、浙江湖州、河南商水、四川眉山、山西清徐及甘肃的永登等地。

十二、海棠花艳丽

北京大学校园里栽有很多海棠花，老地学楼南门东侧那株海棠花，笔者连续观察了许多年。海棠花是一种高灌木，许多茎干并不粗，都是直着向上，分枝不少。每年大约四月初就出花蕾，也出幼叶，花蕾红色，而几天之后花盛开时，却以白色为主，稍带点粉色，由于花繁多，都是几朵聚在一起的，很有妩媚动人的气质。花开不到几天，就是落英缤纷了，那花瓣飘落一地，也为一景。不久结出绿色或绿黄色果实，圆球形，不大，只有不到2厘米的直径。植物志书上记载海棠花这个种，果实就是这个颜色，而且果子上还留有不落的萼片。

海棠中还有一种叫西府海棠的，与海棠花不同处则是前者在结果实时，萼片脱落，果熟时鲜红色。这两个种要认真对比才能认明。北京紫竹院公园有多株西府海棠，可去看看。

海棠花、西府海棠自古闻名，皆原产于中国，栽培历史悠久。历代诗人咏海棠的很多，笔者认为唐人郑谷的《海棠》最为上乘："春风用意匀颜色，销得携觞与赋诗。依丽最宜新著雨，妖娆全在未开时。莫愁粉黛临窗懒，梁广丹青点笔迟。朝醉暮吟看不足，羡它蝴蝶宿花枝"。此诗先描写是春风将海棠花打扮得鲜艳美丽，使诗人为之销魂，因而饮酒咏诗；第三、四两句述雨水洗海棠的美态，海棠在将开未

海棠

开时最动人；第五、六句说的海棠花美艳，使莫愁女懒得打扮，画海棠的名家梁广也被海棠花所迷迟迟未作画；末两句说诗人自己早饮酒赏海棠，晚吟诗品味海棠花，沉醉于海棠花之心，甚至于羡慕蝴蝶不离海棠，日夜与花相伴。

宋代苏东坡的《海棠》云："东风袅袅泛崇光，香雾空蒙月转廊，只恐夜深花睡去，故烧高烛照红妆。"诗人在月光下看海棠花还不过瘾，要点蜡烛照着看才尽兴。

宋代诗人陆游是个海棠迷，喜欢海棠花到了发狂之境，他有诗《花时遍游诸家园》："为爱名花抵死狂，只愁风雨损红芳，绿章夜奏通明殿，乞借春阴护海棠。"诗人要用朱笔在绿纸上打报告给天上的玉帝，求玉帝放慢春的脚步，让海棠开花时间长一些。由于海棠花美，诗人担心风吹雨打会损害海棠花。此诗用心深矣！

《红楼梦》作者曹雪芹也喜欢海棠，他写的大观园中重要建筑之一是怡红院，所谓怡红院是由于那里有一株海棠花……

现代文学家朱自清写了很多优美的散文，其中有《看花》一文，文中也谈到了他喜欢海棠花："我爱繁花老干的杏，临风婀娜的小红桃，贴梗累累如珠的紫荆，但最恋恋的是西府海棠。海棠的花繁得好，也淡得好，艳极了，却没有一丝荡意。疏疏的高干子，英气隐隐逼人……为了海棠，前两天在城里特地冒了大风到中山公园去……"从这文字中可见作者赏海棠花的劲头真大，而且描述海棠花的特点惟妙惟肖。

海棠属于蔷薇科苹果属，此属有30多种，中国有20多种，其中著名的种为苹果、海棠花、西府海棠、海棠果、花红、山荆子等。

应注意有些书上将贴梗海棠与海棠放在一起，实际贴梗海棠又称"皱皮木瓜"，虽也属于蔷薇科，但不属于苹果属，而属于木瓜属，也称贴梗海棠属，它的花常3朵簇生，花瓣鲜红色，十分美丽，几无花梗，先叶开花。原产陕西、甘肃、四川等省，北京各公园多栽培。另外，秋海棠也非上述海棠花，前者属于秋海棠科，为草本。

十三、丁香花开

每到春天，北京大学燕园的丁香花就开了，燕园的丁香很多，无论未名湖畔或是临湖轩一带都有栽种。花有紫丁香也有白丁香，植物学上认为后者是前者的一个变种，且香气浓，栽培得较多。由于它们的叶片均为宽卵形，光看叶片还真不好分。

除上述紫丁香、白丁香以外，校园中还有多株丁香为暴马丁香，其中一株为高乔木，高过房檐，已有三四十年历史了。花密，白色，有浓郁气味，花的雄蕊长度远超花冠。学校水塔北侧也有暴马丁香。

在老生物楼南门东侧有一株北京丁香，为乔木，花白色，有气味，其雄蕊与花冠长度差不多。

北京丁香与暴马丁香的差别不大，常常混淆不清。它们的叶子比前述的紫丁香、白丁香的叶要略厚一点，且光滑无毛。

除上述种类外，五院里面还有花叶丁香，叶呈羽状裂形，花紫色或白色。

近年又引种了红丁香，植于未名湖一带。笔者感到燕园近些年来引入的植物种类逐渐增多，有些笔者都是第一次见识到，这为师生们欣赏花木、陶冶性情提供了良好的条件，也为外来参观的人士提供了认识植物种类、开阔眼界的机会。

丁香花是北京历史上早已闻名的花木，许多寺庙里都有丁香。民间有个关于丁香花故事，十分有趣。据说，从前一书生进京考试，中途住店时，恋上了店家的小女儿。这姑娘也是有点才气的少女，她要试一下年轻人的才学，就出了一副对联，上联云："冰冷酒，一点、二点、三点。"书生一听，原以为不难，谁知想了好久，竟未对上来，久之生病，竟一命身亡。姑娘也痛心，将他葬在自家后院中，过不太久，青年人的坟上生出丁香花来，姑娘十分惊奇。这时，有个教书先生来到这里，他一打听情况，又看见坟上的丁香花，就对姑娘说，书生已将你出的对子对出来了。这丁香花就是答案，不信我说给你听："冰冷酒，一点、二点、三点（"水"与"冰"通用）。丁香花，百头、千头、万头。"

上联："冰冷酒"三字的偏旁，依次为一点水、二点水、三点水。下联"丁香花"的丁字头为百字之头；香字字头为"千"；花字字头为"万"（"万"字繁体为"萬"）。生前对不出，死后也要对出来，人称之为"生死对"。

丁香

这个传说，当然不会是真有其事的，是某个文人喜欢丁香花杜撰出来的。可是后人见之，感觉有趣，也加强了对丁香花的认识。

丁香花属于木犀科丁香属，此属有30种，中国有20种。它们的重要特征是，木本，叶对生，花冠合瓣，常4裂，雄蕊2个，蒴果。

在北京山野里，多见一种毛丁香，叶下面中脉上有毛绒，花紫色，它又叫"巧铃花"，可以引种入庭园。

十四、玉兰洁白形如杯

在北京，春天刚到，气温尚低、略有寒气时，玉兰就先叶而开，直立的枝干上，开出朵朵硕大的花，花单生而直立，如白玉做成的酒杯，煞是好看。

玉兰原产于中国，有悠久的栽培历史。古代诗人多咏之，如明代诗人文徵明曾作《玉兰》诗，前两句云："绰约新装玉有辉，素娥千队雪成围"。是说春天尚寒时，玉兰已现花蕾，花如美玉一样生辉，如白雪一样妩媚，像玉洁般的

玉兰

少女列队而来，将玉兰花朵的神韵写得恰到好处。接着作者又写出两句："我知姑射真仙子，天遣霓裳试羽衣。"这是说玉兰花朵美如姑射仙人在试穿天赐给她的霓裳羽衣。后面还有四句："影落空阶初月冷，香生别院晚风微。玉环飞燕无相敌，笑比红梅不恨肥。"这四句突出地将玉兰比作美人杨玉环和赵飞燕，以美花比美人。唐玄宗、杨玉环都喜欢玉兰花，都喜欢霓裳羽衣曲；杨玉环依曲度腔，载歌载舞，如白衣仙子，形象如玉兰白色的花瓣，神韵也极相似。

中国十大名花中，没有玉兰，但中国早有"庭园名花八品"。八品中玉兰为首，可见园艺家评花并不统一。用限制数目去评，必然有顾此失彼的情况，不足为奇。八品中也有牡丹和梅花，这二者未被置于首位，也反映出古代人对玉兰情有独钟。

笔者认为，玉兰花确有独到之处。首先，它是乔木，花木枝干直立向上，先叶开花，花颇大，朵朵如玉杯，形象有魅力，比之灌木牡丹要胜出一筹；又由于花朵大，盛开时特显眼，比之梅花花小，玉兰也胜一筹。因此，玉兰放在首位是有道理的。

如果将玉兰集中植于园中，那么到开花时，白玉一片，更显得耀眼动人，北京卧佛寺植物园就有玉兰园。

玉兰还有令人刮目相看之处，即它的抗性强，有抗烟、吸尘、吸硫的力量，蚊蝇都不近它，病虫害少，这无疑对净化环境有极大的好处。

玉兰花用处不少，花蕾入药，与辛夷一起用，可通鼻窍散风寒，花瓣用面粉调之，炸一下成"玉兰片"，为美食之一，还可制玉兰糖，为甜食。

玉兰属木兰科木兰属，此属有约90种，分布于美洲和亚洲热带、温带地区，中国有约80种，其中玉兰原产于中国中部。笔者在河南伏牛山看见有野生的。其他的种著名的还有紫玉兰，花紫色，北京有栽培，又称木笔、辛夷。

有一种较矮小的名叫天女花。花白色，分布从朝鲜到中国东北、河北。在河北的生于青龙县老岭山地。

还有一种叫洋玉兰或广玉兰、荷花玉兰，是常绿乔木。叶革质，上面光亮，下面有锈色毛，花白色。此种原产北美，早已引入中国，北京不能露地过冬。花较大。华东地区多栽培。

十五、迎春花及其近亲

迎春花是很普通的花。但由于它开花早，在百花未发之时，它先开花，有迎春之意，因此得名，并因此得到人们的赞誉，这在古代诗中也可看出。宋代韩琦曾在《中书东厅迎春》诗中云："覆阑纤弱绿条长，带雪冲寒折嫩黄。迎得春来非自足，百花千卉共芬芳。"

迎春花

迎春花是先叶开花的，花朵较小，鲜黄色，花瓣合生常有6个裂片，有时见5个裂片的。裂片下部合生部分呈管状，6个裂片是认识迎春的重要之点，另外，合生部分呈上下粗细差不多的管状。迎春的枝条常向地呈弯弓形，枝条绿色，有4棱，叶为3个小叶的复叶，叶对生也是一特点，掌握了这些，认识迎春不成问题。

迎春属于木犀科素馨属，是一种小灌木。原产于中国北部和中部地区，由于它开花早，各地公园多栽培作观赏花木。

与迎春花亲缘接近的，有另一种名叫大花迎春，顾名思义，此种的花比迎春花大一倍，花的直径约有4厘米，而迎春花的花直径不过2厘米左右。另外，大花迎春的花冠裂片更多，有6~10个裂片，花也为黄色，与迎春一样，不结果实。大花迎春在北京花房中有盆栽，它原产于云南。

与迎春、大花迎春同属于素馨属的著名花木，还有茉莉花。花白色、单叶、对生。原产印度，中国广泛栽培，人们喜欢它的花香得好、香得美。

素馨花近茉莉花，但前者花也为白色，而叶是羽状复叶，小叶有9~11个，椭圆形。花也大，径达4厘米，原产云南，北京有栽培。此种有浆果，黑色。

探春也是属于素馨属的花木，它与前述几种花不同处在于它的叶是互生的，前几种的叶均为对生的。探春花也是黄色的，花朵也较大，叶为羽状复叶，小叶3，也出现小叶5的情况，椭圆状卵形。此种有浆果，呈椭圆形。

在迎春花早春开花时，不久就有另一种花木也开花，而且也是先叶而开，花也是黄色的，样子颇像迎春花，但较大，因此有些人不太分得清，或知道有不同，但又说不出具体的不同。这种开黄色花的是连翘，也属于木犀科但不是素馨属的，而是连翘属的。

连翘也是春天开花早的一种。它的枝条也柔软、有弹性，向四周呈藤状扩展。它的花与迎春花的区别为：连翘花朵有4个花瓣合生，4个裂片是常见的，偶有5个裂片。花冠下部合生部分不像迎春花的呈管状，而是呈杯状（上宽些下细窄些），整个花朵比迎春的大些，直径有3～4厘米。另外，连翘的叶子为单叶对生，又可见枝条上还有3个小叶片的情况。叶片比迎春的叶大得多。枝条不是绿色的，是棕黄色的，表面有很多突起的皮孔，呈小颗粒状。

连翘花

连翘的近缘种叫金钟花，其花黄色，与连翘花几不可分，但金钟花的叶片较长，为椭圆状长圆形至披针形，长可达12厘米。常不分裂成小叶，另外，叶片质地较厚，而连翘叶片质地较薄，部分叶分裂成3小叶。

连翘和金钟花均原产中国，北京公园都多有栽培，北大校园里有很多。两种的果皮入药有清热消肿之效，银翘解毒丸中就有连翘的成分。

十六、秋海棠花妖媚

秋海棠不是海棠花，后者属于蔷薇科苹果属，为灌木，高可达4～6米。前者属于秋海棠科秋海棠属，为多年生草本。地下有球形块茎，茎粗壮，高可达1米。叶腋中可生珠芽，珠芽可以繁殖新株。叶片宽大，斜卵形，长达20厘米，宽达18厘米，叶基部偏斜，心形，叶边缘波状并有细尖齿，叶片下面及叶柄均带红色。聚伞花序腋生，花单性，雌雄同株，淡红色，直径达3.5厘米，雄花有花被片4，雌花有花被片5，子房下位。果为蒴果，有3个翅，其中1个较大。此种全年可开花。

秋海棠

秋海棠原产中国长江流域以南多省，北京也有。

秋海棠又叫"断肠花"，这两个名字怎么来的？中国民间有传说，据说从前东海边有个通商的古镇，古镇上居住的人家都爱种花，有个叫贵棠的人，就靠种花卖艺养活一家四口，日子紧巴巴的，贵棠的夫人除种花外，还能用纸剪出花的样子来，人们都称赞她手艺好。一天她在街上卖剪纸，来了个海外客商见之，夸她剪得好，但希望她能作绢花纸花，能出好价钱。贵棠夫人就真做出了一篮各种花样的纸花和绢花。客商见之高兴极了，当即拿钱买下，销到了海外，从此镇上大家也都开始做纸花绢花了。

贵棠一想，既然自家人能做纸花绢花，自己带到海外去卖，不就可以多赚些钱吗？娘子虽舍不得丈夫离家，可为了生活，只好答应丈夫去卖花。做了一批花后，贵棠就出发，搭船去海外做生意了。

贵棠走后，他夫人就一面做花，一面盼望他早日回来，可是好长时间还不见丈夫回家，心里不是滋味。她每天倚着北窗朝海边望，望眼欲穿，仍不见丈夫影子。一天终于有人告诉她，她丈夫在外生病了，由于未及时医治，已经死了！可她不相信丈夫会死，天天在北窗口处望，眼泪滴个不止，滴在了北墙根下。

她思念丈夫的深情感动了花神，在她滴泪的北窗下，长出一种花来，叶子下面红色，花也是红色，花朵摇曳似她滴的泪珠。人们就说贵棠是秋天出海的，这花也开在秋天，就用这花纪念她的丈夫，叫作"秋海棠"。又由于贵棠夫人盼丈夫流泪悲伤不已，这花是她悲伤哭出来的，因此又叫这花为"断肠花"。

秋海棠开花时，那花朵红艳且多，十分妩媚动人，因此人们多栽种它欣赏。

在长江流域各省及北京，尚有一种野生的秋海棠，形态极似前种，只是茎稍细些，分枝少些，花稀疏一些，叶片上面无小刺。在北京山区海拔较低的山沟阴处，就可见到。也可引种入庭园，作观赏草花。

前种秋海棠的块茎和果实入药，有凉血止血、散瘀调经的作用，治吐血、衄血、咯血、月经不调、跌打损伤。

野秋海棠以块茎及全草入药，有健胃消食、理气止痛的作用，治消化不良、腹胀、痢疾。

十七、桃之夭夭

桃花和杏花一样，果实好，花也好。桃花盛开时，红红一片，灿烂如红云。每年春天，北京植物园里千万株桃花盛开，好一派红光，那里每年一届的桃花节，吸引了千万游人观光，有如日本人的樱花节，万人空巷。

中国古代人民即对桃花情有独钟，文人墨客都提笔咏桃花。那时不仅赏桃花人多，更重要的是栽桃的多，一些寺庙里更喜欢栽桃，如唐代诗人刘禹锡有诗云："紫陌红尘拂面来，无人不道看花回。玄都观里桃千树，尽是刘郎去后栽"。又如唐代诗人白居易的《大林寺桃花》诗云："人间四月芳菲尽，山寺桃花始盛开。长恨春归无觅处，不知转入此中来。"此诗说明大林寺在庐山山上，气温比山下凉，山下桃花已开过了，山上桃花才开放。唐代诗人白敏中的《桃花》一诗盛赞桃花是春天的"主人"，诗云："千朵浓芳倚树斜，一枝枝缀乱云霞。凭君莫厌临风看，占断春光是此花。"明代于谦写的《村舍桃花》云："野水萦纡石径斜，芊门蓬户两三家。短离不解遮春意，露出绯桃半树花。"这诗描写农村贫民户户种有桃树，桃花从短矮的篱笆探出头的农村美景。农村的美景全在桃花中，虽茅草房亦不减色，很有意思。

杭州的半山种有桃花，清代的马日璐领略到了它的美，写下《杭州半山看桃》，诗云："山光焰焰映明霞，燕子低飞掠酒家。红影到溪流不去，始知春水恋桃花"。此诗有意境，山上桃花映红在溪水中，水虽流花影仍在。用拟人法道出桃花之美，也有人说是比喻小伙子爱姑娘。

历代咏桃诗之多，说明中国人民自古便与桃有很深的渊源。桃属蔷薇科李属，原产中国西北地区，后全国各地均栽培，是一种小乔木，叶椭圆披针形，花萼片有毛，先花后叶，花色多为红色。

中国的桃大约在公元前140年传入波斯，以后才传到世界其他地方。桃的拉

桃花

丁学名中种加词即为"波斯的"之意，原来西方人不了解情况，以为桃原产波斯，才用了这个种加词。

桃在中国栽培历史很早，《山海经·中山经》中即提到桃，据云："沧海之中，有度朔山，其北有林焉，名曰桃林，足广员三百里"。《诗经》中有"桃之夭夭，灼灼其华"，是说桃花之美的句子。

唐代诗人皮日休被誉为"桃花神"。他说："其花（桃花）可以畅君之心目，其实可以充君之口腹。"又说桃花为"艳中之艳，花中之花……我欲品花，此为第一"。这恐怕是喜欢桃花的最突出的人。

北京大学燕园内每当春日，先开的是山桃花，稍后开的为桃花，这二者的区别是，山桃的花萼裂片外侧无绒毛，而桃花花萼裂片外侧有细绒毛。另外，桃还有变异型，如红碧桃，其花红色，重瓣，花朵较大。还有白碧桃，其花白色，重瓣。还有一种是花似红碧桃，而叶子是深紫红色的。

十八、杏花之美

在众多的果树中，果和花都被广为称赞，除了桃之外，应算杏，杏花之美，不亚于桃，它甚至可媲美梅花。

拿杏和梅比，南梅北杏，南方梅花多，而北方杏花多，杏花也是先叶开花的名种。

在北京赏杏花，可以去海淀区北安河乡，在那山区中，有一片丘陵和低山地，名叫管家岭，杏树特多，坡坡上、沟沟中都是杏树。春日杏花开时，满山红如云霞美极了，笔者曾多次去那里赏花，置身杏林中有红雾欲湿人衣之感。记得民国时期，曾有位学者，于杏花开时游山到了管家岭，杏花之美感动了他，于是吟出两句名诗："莫道江南春色好，杏花终负管家岭"。管家岭的杏花在京城是出了名的。

杏花在古代人心目中有较高的地位，自唐代至清代，咏杏的诗很多。著名的如唐杜牧的《清明》，其中有名句"借问酒家何处有，牧童遥指杏花村"。

杏花

宋代叶绍翁作《游园不值》："应怜屐齿印苍苔，小扣柴扉久不开。春色满园关不住，一枝红杏出墙来。"宋代林逋不仅咏梅诗出色，他咏杏花的诗也堪称一绝——"蓓蕾枝梢血点乾，粉红腮颊露春寒。"

宋代杨万里有《郡圃杏花》："小树嫣然一两枝，晴薰雨醉总相宜。才怜欲白仍红处，正是微开半吐时。"诗中的杏花是将开时的姿态，十分美。明代陈子龙《二月山行雪中杏花》云："山楼曲曲杏花残，二月飘零雪里看。此日春风太憔悴，一时红粉不胜寒。"此诗对雪中杏花被摧的情景作了描写，说明杏花怕雪、怕寒。清代张钧作《杏花》，前四句云："零落红梅怅别离，小楼人静倦吟诗。孤村花发春当路，十日雨晴红满枝"。诗中描述了梅花已残而杏花正开时的景色。

有人问，就花而言，梅花与杏花怎么辨别？可以说杏花、梅花都是先叶开花的，梅花多为纯白色，也有粉红色的，杏花是粉红的多，开后即变粉白色，二者花朵大小差不多，且梅花萼裂片不如杏的鲜明。再者梅花香得略浓，杏花香较淡。

杏花与桃花怎么分辨？杏花的萼片外侧无绒毛，桃花的萼裂片外侧有细绒毛，二者明显不同。

杏花、梅花、桃花三者同属于蔷薇科广义的李属，有学者将李属分成5个小属。杏属中有杏和梅，说明二者亲缘近。桃属于桃属，与杏和梅关系远一点。

十九、萱草的典故

萱草根为中医药名，多为百合科植物萱草的根，其花橘黄色或橘红色；另外还有几种，如黄花菜、北黄花菜、小黄花菜。其根也同样入药，也称萱草根，这一来上述几个种在中药中被混用了，而另外几种实际是萱草属中几个独立的种，后3种与萱草不同处为：它们的花都是鲜黄色的，不是橘黄或橘红的。

萱草这个种有许多同物异名的情况，《诗经》中称"谖草"，《风土记》中称"宜男"，《古今注》中称"忘忧草"，《南方草木状》中称"鹿葱"，《本草纲目》中称"疗愁"，《植物名汇》称"绿葱茶"，《中药大辞典》称"黄花草"，湖南称"野黄花菜"，浙江称"野金针菜"。北黄花菜、黄花菜、小黄花菜，也都共有一名——金针菜。

但是它们的一些别名如上，又十分有意思，如《本草纲目》中述曰："萱本作谖。谖，忘也"。《诗》云："焉得谖草？言树之背。""谓忧思不能自遣，故欲树此草玩味，以忘忧也。""其苗烹食，气味如葱，而鹿食九种解毒之草，萱乃其一，故又名鹿葱。"《风土记》云："怀妊妇人佩其花，则生男，故名宜男。"《延寿书》云："嫩苗为蔬，食之动风，令人昏然如醉，因名忘忧。"

萱草属百合科萱草属，此属有十多种，以萱草这个种最有名，为多年生草本，有肉质纺锤形的根。叶基生，2列，条形。花葶粗壮，圆锥花序由聚伞花序组成，有花6～12朵或更多，花橘红色或橘黄色，不香，花朵大，6个花被裂片。

萱草

反曲，雄蕊6，与花柱均外伸。蒴果长圆形。5～8月开花。

萱草原产中国南部，多栽培供观赏，为名花之一。

黄花菜等3个种也栽培，一为观赏，二为取其花蕾作蔬菜，菜名黄花菜或金针菜。

前述萱草异名中有"忘忧草"一名，古代人对此还有传说故事：唐代诗人白居易曾有诗句云："杜康能散闷，萱草能忘忧"。为什么叫忘忧草？古时候，当孩子要出远门时，就在院中种些萱草，希望母亲看着萱草能减轻对孩子的思念、忘却忧烦，故而萱草别名叫忘忧草。但萱草又是如何得名"金针"的呢？传说秦时，秦二世酷政猛如虎，百姓不堪忍受，久之就有农民起义，陈胜是农民起义领袖，他在起义前，生活很苦，经常吃不饱饭，身体虚弱，有一天实在不行了，慢慢地走到一黄姓农民家，前去讨饭吃，可这黄家也是好多日子无米下锅了，黄家只有母女二人相依为命，用萱草煮熟当饭吃，见陈胜饿得可怜，就盛了一碗萱草让陈胜吃，陈胜一连吃了两大碗，感觉又香又甜，精神好多了，很感谢黄家母女，心想以后一定报答，后来陈胜起义成功，命运大转，当上皇帝，想起黄家母女之恩，便派人找来黄家母女，叫为之做萱草菜吃，黄氏母女照办了，可陈胜吃了，认为不好吃。黄母知之就说，你这是饥饿之时萱草香，酒肉多了萱草苦了，这一说让陈胜羞愧不已，陈胜便留下黄家母女，专门种萱草，为了不忘黄氏母女，又将萱草叫为黄花菜，由于黄家女儿名金针，又由于黄花菜像金针，故又叫萱草为金针。

二十、金莲花、雪莲花

清代皇帝修筑了位于河北承德市的避暑山庄，修建了美观的园林，有许多著名景点，其中有"金莲映日"，那里栽了许多金莲花，在日光照射下，精彩炫目，如登楼向下看，有黄金遍地之感。那里的金莲花是从山西五台山移栽来的。

内蒙古赤峰市巴林草原的罕山南麓及其东北山中，还有白塔子以北的瓦嘎林茫哈一带，有金莲花分布。这里的金莲花自古有名，据《辽史》第32卷中记载："黑山（即罕山）在庆州北十三里处，山巅有湖，湖边盛开'阿拉坦胡阿花'……"其中的阿拉坦胡阿花即金莲花。

金莲花六七月开花，喜生长于亚高山草地或阔叶林下。分布于东北、华北至河南。北京的东灵山、百花山、海坨山，河北小五台山、雾灵山，山西五台山都有分布，多在海拔1600米以上山地生长。

金莲花的花朵入药，据《四部医典》、《蒙医药典》记述，金莲花为凉性药，可治各种炎症。河北省兴隆县有采自雾灵山的金莲花干制品出售，可以当茶饮。

金莲花属于毛茛科金莲花属，是多年生草本，高50～70厘米。基生叶有长叶柄，叶片五角形，3全裂，茎生叶较小。花单朵顶生，花径达5.5厘米，萼片10片以上，长圆形或椭圆形，长达2.2厘米，金黄色，花瓣多达20余片，狭条形，与萼片同长，金黄色，每片内侧基部有蜜槽，雄蕊多数，金黄色，心皮15～25个。蓇葖果有短喙。由于花朵形状似莲花，又呈金黄色，故名金莲花。

雪莲花又叫雪莲，《本草纲目拾遗》记载："其地有天山，冬夏积雪，雪中有莲，以产天山峰顶者为第一。"清代纪晓岚著的《阅微草堂笔记》中有云："塞外有雪莲，生崇山积雪中。"唐代著名边塞诗人岑参写诗赞雪莲，诗名《优钵罗花歌》，优钵罗花即雪莲。诗的序文中说雪莲"其状异于众草。势岌岌如冠弁巍然上耸，生不旁引，赞花中折，骈叶外包，异香腾风，秀色媚景"。又说雪莲："耻于众草之为伍，何亭亭而独芒！何不为人之所常兮，深山穷谷委严霜？"

雪莲属于菊科凤毛菊属，为多年生草本，高不过35厘米。茎粗壮，直径达3厘米。叶密集，基生叶和茎生叶较厚，近革质，矩圆形，长达14厘米，无叶柄，两面无毛，茎上部有2层多达十多片的膜质苞片，宽5～7厘米，边缘有尖齿，比

雪莲

花序长得多。头状花序10～20个在茎顶密集成头状，花冠紫色，长1厘米多。瘦果有污白色冠毛，外层的短，毛状，内层的羽毛状。整个花序形如莲花，在雪地生，故名。本种中国仅产于新疆。生于天山山脉雪线以下、海拔2800～4000米之间，在石缝、岩壁、砾石坡地生长。在高山放牧的哈萨克人，爱采一朵雪莲，插在毡房上，象征吉祥兴旺。

雪莲花入药，有通经活血的功效，一般采新鲜雪莲泡入白酒，对治疗风湿性关节炎有效。

西藏、青海、云南、四川也有几种雪莲花，但都与上述新疆天山的雪莲不同种。

泛谈杂草

群星草堂

这一章集中谈谈杂草。首先是农田荒地的杂草，它们危害农作物，生命力顽强，它们的生存本领超出了你的想象，例如稗草，是稻的伴生草，它们抢夺水分、肥料，使稻的生长受影响，产量下降，农民们跟它斗争了几千年，还是除不尽。狗尾草则是旱田（尤其是种粟旱田）中的著名杂草，与稗草一样，也是不容易除尽的杂草。

杂草的一致特点是生命力顽强，能抵抗各种不良环境，繁殖力又极旺盛，超乎你的想象力。

杂草的结实能力很强，如果一株禾谷类作物的籽粒为2000粒的话，那么许多杂草一株的结实或种子数远比这多得多。如一株金色狗尾草籽粒多达5500多粒，一株刺儿菜的可达19000粒或更多，一株苋菜的可达10万粒以上，播娘蒿的籽粒更多。

杂草的果实或种子传播方式很多，它们借助水和风力传播的能力很好，如在山地或丘陵起伏地区，春天冰雪融化或夏季大雨形成水流或洪水冲刷表层土时，顺便带走了杂草果实或种子，灌溉田的水流也能助草籽搬家。

风力传播效率更高。白芷、防风果实轻，风一吹就吹走了；有的植物如猪毛菜，分枝多，整株为圆球状，被风一刮，从基部断开，草球随风滚动，可以滚很远，顺便一路散布种子；有的杂草如寄生的列当，种子小如尘土，风将它们刮到空中，能飘到很远的地方去；如榆、槭等的果实有翅，能随风飘走一定距离；有的果实上带附属物（如毛等），更能借风飞翔，如蒲公英和蓟的果实，尤其前者如降落伞一般，随风飞很远；有趣的是田蓟的果实上有一丛毛，当带毛的果实飞翔到一定远的地方，如遇上障碍物时，那毛丛与果实立即分离，果实自然落地为生；有些种子有毛丛，如柳叶菜种子在果实中，干燥天气时，果实向外裂开，暴露出带毛的种子，极易为风刮走。

有些种子或果实通过动物传播，如车前草、酸模，种子或果实通过牛或猪肠后并不受损，排出体外大部分还能发芽；苋菜、荨麻的种子通过动物胃肠道后的发芽率比不通过的更高。鬼针草的果实顶端有几根硬刺，刺上有倒钩；动物或人碰上时，它们就挂在动物皮毛或人的衣物上，扎得牢牢的，人常常需要费好大劲才能清掉它，这就为它的传播帮了大忙。

杂草种子或果实还有一特征：禾本科谷类作物如果条件不好发不了芽时，就会死去。但杂草种子则不然，它们遇上不良

列当

环境时就先不发芽，也不会死去，可以保持发芽力几年，苜蓿种子可保持7年，车前草8年，野苋菜、马齿苋可长达40年或更久，草木犀甚至达50年以上。

特别有趣的是滨藜，它属于藜科滨藜属。每一植株上能结出三类大小、形状有差异的种子，最大的种子，如果条件可以，它当年成熟落地后，秋季即发芽；中等大的种子则要第二年春天发芽；最小的种子要第三年春季才发芽。可知滨藜结实一次，能管3年繁殖，保证后代成长，这真是极罕有的繁殖"怪招"。

杂草种子外有一层角质化的膜，可以防止不良环境的危害，水和空气都不易进入其内。

杂草除了靠果实或种子进行繁殖以外，还有好多杂草有另一种特性，即无性繁殖，其顽强的生命力令人惊叹。杂草无性繁殖多是靠根状茎上的芽萌发成新株；也有的是根系发达，根上有芽，可生长成新株；也有的杂草有直根，但芽少，芽多集中在近地表的根状茎部位，可萌发出一大丛植株。

下面将分别介绍几种有代表性的杂草种类。

一、 最佩服的是稗草

在特多的野生杂草中，最让人佩服的是稗草。稗草伴随着稻生长已有几千年历史，人类为了除去它伤尽了脑筋，因为它抢夺稻的营养、水分，使稻的产量受影响。从这一点说，农民痛恨稗草，欲除尽而后快，但是稗草又有着你想象不到的"本领"，使它的子孙得以绵延至今，这一点又让人佩服不已。

稗草最会蒙骗人眼睛，在稻育秧时，秧苗中就杂有不少稗草，一般人根本认不出来，因为它长得极像稻苗，但农民一眼就能看出。稗草苗不同于稻苗处是：稗草苗叶有个白色的中脉，而且叶片较稻苗叶柔软一点，凭此经验去拔稗草苗，100%不会错。但是由于稗草苗很多，总有漏网之鱼。它们与稻苗通过插秧到了稻田，随稻苗的生长而生长，在稻苗生长过程中，农民还要除去一些稗株，到了稻苗成长到快抽穗（开花）时，稗草也长大了，甚至高出稻株。有意思的是，稗草穗子成熟得比稻子早一点，等到收稻时，稗草的果实已大部分脱落了，进了泥土后，又为下一年的繁殖打下了基础。农民从源头上除稗是在选种时，即下种前清除稻谷中混入的稗草籽，但是由于它的籽粒小，不容易除尽，只要有少数籽粒逃脱了，就会有危害。

由于稗草危害大，人们通常采取用农药除稗的方法，如"敌稗"和"五氯酚钠"等，效果不错。

除草化学药剂的使用使得稗草到今天已不如从前那么猖獗了，虽然还未做到100%除尽，但相信将来会对稗草"除恶务尽"的。

稗草属于禾本科稗属，此属有约10种，中国有2种及几个变种。稗草没有叶舌（叶舌位于叶片和叶鞘交接处，在叶片内侧的基部），这一点与稻不同，故而查看是否有叶舌是识别稗草的标准方法。但农田除稗时，不可能每一小根稻都去查看有无叶舌。

稗草植株光滑无毛，多丛生，高可达1.3米，叶片较柔软，中脉较宽呈白色，小穗密集排于穗轴一侧，小穗颗粒状，一面平一面凸，长仅3毫米，有短芒，长仅10毫米，果白色或棕色。分布于全国各地。在它不在稻田生长时（即在荒地杂草丛中时），只看它的叶有无叶舌即知是否为稗草。稗草有几个变种，例如长芒稗，其小穗外稃上有长芒，长达3～5厘米。分布普遍，稻田、水塘边多有；无芒稗，其小穗无芒，如有芒，则芒短于3毫米，多生水边及稻田中；旱稗，其花序柔弱下垂，较窄，小穗椭圆形，多生稻田中。

二、有特性的芨芨草

芨芨草是属于禾本科芨芨草属的一种禾草。多年生，高可达2.5米，秆径达3～5毫米。叶片坚韧，长达60厘米。顶生圆锥花序，长可达60厘米。小穗有芒，芒长达1厘米。

芨芨草分布于中国西北及亚洲北部、中部，生长于碱性草滩上，常成大片，为一特殊景观。

芨芨草又叫息鸡草，据说芨芨草高而密，遇上刮大风时，草原上的鸡就会跑到芨芨草丛下躲避，当地人就叫芨芨草为息鸡草，意即大风时，鸡可在其下休息躲避，牲畜也可躲在芨芨草下。

芨芨草生命力顽强，有三不怕：不怕冷、不怕旱、不怕盐碱，因此它分布广泛。春天，天还冷时，别的草还未发芽，芨芨草就发芽了，长成的芨芨草，有骑马的人那么高，不是一般草所能比拟的，是禾草中的"壮士"。你所见的芨芨草总是一大丛，因为它的分蘖旺盛，一丛有上百根。

芨芨草用处很多，在新疆草原乌鲁木齐牧区，哈萨克族、蒙古族牧民用芨芨草编窗帘、箩筐等用物。用芨芨草织草帘或围箔是当地一门艺术，牧民们在9月收割草时，将草晒干，截成各种长度，在草上缠上五彩线，与芨芨草混合编织。两边线团对称一致，与两条主体线保持垂直，一根芨芨草前翻几下、后翻几下，全自然打结，编成一条草帘或围箔，十分美观。大约草帘打成1.7米时、围箔打成7~8米时，将结打死结，剪去多余毛线。这样一件成品就展现在

芨芨草

眼前，草帘上有各种漂亮的图案，美感油然而生，人们叫这种艺术品为"花结芨芨"。"花结芨芨"多用底色做对比色，黑与白不断补色，使画面产生游离感，好像要飘飞一样。

芨芨草含纤维多，韧性好，是造纸的好原料，还可造人造丝。

三、狗牙根特怪

狗牙根

狗牙根属于禾本科矮小草本，靠根状茎繁殖，什么叫根状茎？就是匍匐状的茎，有节，节上出芽，这是茎的特征，但由于它卧伏地上像根，故名根状茎。它的根状茎很长，在一公顷面积的土壤耕作层中，它的根状茎储存长度可达800千米，而根状茎又有分枝，节上小芽的总数可达450万个。

如果条件好，狗牙根在地下的根状茎一年之内可增加几十倍，切断根状茎，哪怕短到只有一个小芽，它也能发芽生长成植株。

狗牙根还有一绝，即它的地下根状茎如果是在重黏质土中时，若向下发展受影响，它可以向上生长，长出地面，呈绿色状态匍匐而行，"行"到一段后，又能钻入土壤中生存、发展。狗牙根这种特性，可利用于草地绿化。

狗牙根可作饲料，也可保土固堤。其根状茎可入药，药名为"铁线草"，以全草及根状茎入药，有清热利尿、散瘀止血、舒筋活络的功用，治上呼吸道感染、泌尿道感染、风湿骨痛等。

狗牙根分布于黄河以南广大地区，北京也有，北大校园有的地方作绿化草地用。

与狗牙根繁殖方法类似的属于禾本科的还有多种，如老碱草、须芒草。另外，属于菊科的洋蓍草也有根状茎，为多年生草本，高可达1米，根状茎匍匐。叶披针形，2～3回羽状全裂，下部叶长可达20厘米、宽达2厘米。头状花序密集成伞房状，舌状花白色、粉红或紫红色，舌片近圆形，有2～3齿，管状花黄色，无冠毛。瘦果矩圆形。洋蓍草以果实和根状茎繁殖，一株洋蓍草可产生果实2.5万个。种子越冬后于春季发芽。它的根状茎第一年即形成，位于近表土的地下，它的根状茎被切断后仍能成活，产生叶丛，然后过冬。成长好的植株，它的根和根状茎就已形成了网，根状茎可长达20厘米，可以弯曲向上生长，并生出叶丛，形成新株。

四、靠根发芽的另类杂草

前文所述的狗牙根和洋蓍草有强盛的根状茎，是无性繁殖的"主角"。还有另一类杂草，它们没有根状茎，但它们的根有发芽能力，而且相当强，它们的根有强壮的分枝，而且钻土很深，在根上生出大量的芽，条件好时，由芽萌发出新枝（或称根蘖）。它的直根较肥大，有丰富的营养物质供给芽，以便让它们积蓄力量供出土之用。

这类靠根繁殖的杂草，如果只除去地上部分，并不能真正除掉它，相反，会使它们的芽更易萌发，产生大量新株。田蓟这种杂草是其中的典型。田蓟属于菊科蓟属，是大田作物中的杂草。田蓟有很强大的根系，它的主根可直入土达5～6米深，有意思的是主根在不同深处生出侧根，这侧根一开始与土壤表面平行生长，即与主根是垂直的方向。生长到一定长度时，它弯曲向下，在弯曲的地方变粗，且于此处生出大量的芽，由这些芽可以生出独立植株来。另外，在主根的上端也有许多芽，也能发新株。田蓟根上的芽发育出嫩枝在土中过冬，到了春天就长出地面。

田蓟切断的根段也可以繁殖，毫不逊色于狗牙根的根状茎。

由于田蓟大部分根入土深，一般耕作伤不了它。只是切断了它的垂直根，而被切断的垂直根的上段可产生十多个新嫩枝。如果切断开花的田蓟植株，它的根颈处会形成大量新枝。

与田蓟繁殖方式类似的还有苣荬菜、田旋花等。

五、蒲公英的惊人繁殖

蒲公英是世界著名杂草，它的繁殖能力足以当世界冠军。俄国科学家季米里亚捷夫曾做过一个假设，计算一粒蒲公英果实（一个小果实含一个种子）在十年过程中，如果每一粒果实都成活的话，会产生多少后代。他写道：为了这个目的我们假定每一个植株每年产生一百粒果实，这个数目是很少的，因为一个头状花序中的果实比这个数目虽然稍微少一点，但是每一个植株每一年都能产生好几个花头，即便按照这样去计算，我们也能获得如下的一系列数字：

第一年1

第二年100

第三年10000

第四年1,000,000

第五年100,000,000

第六年10,000,000,000

第七年1,000,000,000,000

第八年100,000,000,000,000

第九年10,000,000,000,000,000

第十年1,000,000,000,000,000,000

但是这些数字还不能够使我们想象这个数目有多庞大，为了使这数字更生动一些，我们来看看要容纳所有这些植物需要多少面积。假定每一个蒲公英植株占据一平方俄寸面积的土地（大约20平方厘米），这数字当然比实际的数字低一些，在这种情况下，上述的一系列数字就意味着蒲公英连续十代所占据的面积是：一平方俄寸、一百平方俄寸、一万平方俄寸，等等。而地球上全部陆地的面积大约等于66,824,524,800,000,000平方俄寸。用蒲公英连续十代所占据的面积除以全部陆地面积：

1,000,000,000,000,000,000除以66,824,524,800,000,000所得到的结果大约是地球全部陆地面积的15倍。

要占15倍于地球陆地面积，这太让人惊奇了。当然由于环境关系，蒲公英不可能使其全部果实都成活，即使这样，结果也是惊人的。别的许多杂草的种子或果实的繁殖，不比蒲公英差，也由于同样原因，不可能全部成活，要真全部成活，那我们人类真要被杂草埋葬了。

蒲公英的果实当年落地即可发芽。如果入土太深（超过5厘米），会萌发困难，但它能保持发芽力3年。蒲公英的无性繁殖力也是惊人的，它的直根可入土达50厘米深，被切断的直根能再生，伸出地面时可长出一簇新叶。截断的根再生能力以7月份最高，达100%，6月份达66%，更早或更晚再生力会下降至20%左右。一段成活了的断根可长出约50个嫩枝，而且断根出土生叶的次年就会开花结实。早春蒲公英出芽早，别的草还未出时，蒲公英已开花了。在加拿大

蒲公英

蒙特利尔市的郊区，常可见到大片草地上蒲公英的花橘黄色一片，犹如地毯一样，为不可多得的景致。

蒲公英虽为杂草，但在中药里，它还是一味有名的药。在开花前连根采全株入药，有清热解毒、消肿散结的功效，治上呼吸道感染、扁桃体炎、急性乳腺炎、肠炎、痢疾等症。蒲公英的消炎作用是很有名的，传说一位财主家的姑娘患乳腺炎，羞于启齿，投河自尽。被姓蒲的渔家姑娘救起，渔女之父得知情况，找来一种草药为病人外敷，居然治好了，于是人们就以蒲家女公英的名字命名这种草，叫它蒲公英。

水生植物

菱角

　　在淡水水域中生长的植物，是一类特殊的植物，种类很多，与人类生活的关系也很密切，例如荷花，不仅花美，可为庭园添加景色，其地下根状茎藕供人类食用，荷花的果实莲子也可食用；再如菱角，其果实也是食品。本章选择重要的水生植物介绍。

一、菱的趣味

　　菱又叫菱角，属于菱科菱属，为一年生水生草本植物。它有两种叶子，一种是沉没于水中的叶子，叶片羽状细裂，裂片丝状；另一种叶子漂浮于水面，多片聚生于茎顶，莲座形，叶片呈菱状三角形，长、宽各有2～4厘米，边缘有齿，有长叶柄，叶柄约在中部膨大，宽达1厘米，这是气囊，海绵质，内有空气，使叶浮起来。花白色，花萼4深裂，花瓣4，雄蕊4。果为坚果，果两侧各有一硬质刺状的角，长达1厘米。

菱在全国各地池塘中都有生长，在江浙一带水乡极多见。

菱的水面下的叶子为什么裂成丝状？这是由于水下的压力大，易损坏叶子，裂成细丝状，加之又柔软，可减少水的冲击力，叶不易损坏。另外，丝状叶接触水面广，容易吸收水中的微量空气。菱的漂浮叶正常进行光合作用，为菱的生长制造条件。

近缘种为细角野菱，形态与上种同，只是叶较小，也是两种叶，果实也较小，有4个角，角也较短。分布于东北到长江流域一带，生长于池中或江河中水流不急的地带。其果实含大量淀粉，可食。

二、慈菇和水毛茛

有两种叶子的水生植物，除上述的菱以外，著名的还有慈菇、水毛茛等。

慈菇

慈菇属于泽泻科慈菇属，为多年生草本植物，有地下匍枝，枝端生球茎。它的叶有两种，沉在水中的叶像长带子一样，另一种叶为箭形叶，长在水面上。如果慈菇生在岸上时，它只生出箭形叶，与陆生植物叶无异，说明带形叶是适应水生环境用的，带形叶不易为水压损坏。慈菇分布广，全国均有，北京水域也常见，其球茎可食用。

水毛茛属毛茛科毛茛属，它的沉水叶裂成丝状，伸出水的叶虽也有裂，但裂片宽些。产自欧洲。另有北京水毛茛，其沉水叶裂成丝状，浮水叶裂片宽些。分布于中国北部地区，北京南口山沟水中有此种。

三、睡莲科的几种水生植物

著名的荷花，前文已介绍过了。另外还有睡莲花，它的叶基生有长叶柄，叶片圆心形，漂浮于水面，叶基部有弯缺。花单生，径达7厘米，漂浮于水面，花白色，花瓣多个，雄蕊多数。浆果球形，径达2.5厘米。睡莲有根状茎，像莲藕一样可以食用，也可用来酿酒。种子和叶芽也可食用。睡莲是著名水生观赏植物。

芡又叫芡实，还叫鸡头米，为一年生水生草本。茎不明显。叶有两种，初生的叶比较小，呈箭头状，很薄，膜质，具有长叶柄；后生的叶，浮于水面，厚革质，呈圆盾形，直径可达1.2米，叶柄长，中空，外多刺，上面有皱褶，下面有许多气囊，助叶浮于水面，叶脉上多刺。花单

睡莲

生，于水面开放，直径达5厘米，花梗粗而多刺，花紫红色，花瓣多，狭长形，长达2厘米，其内轮花瓣逐渐变成雄蕊。浆果球形，径达5厘米，海绵质，紫红色，多刺，像鸡头，故得名"鸡头米"。种子多，球形、坚硬。芡分布于中国广大地区，为古老孑遗植物，生于水塘中。其种子为滋养强壮药，因含淀粉多，可食用或造酒，全草可为饲料。

萍蓬草属于睡莲科，有三种叶子：一种是沉水叶，这种叶又薄又柔软，可以抗水压，水压来时，它由于柔软不硬抗而免致撕裂；另一种叶子浮于水面较厚，可进行光合作用；还有一种叶可以伸出水面，与陆生植物叶子差不多。三种叶子适应三种不同的环境，比如说池水快干时，伸出水面的叶子发挥作用大；池水太深时，沉水叶起作用；池水不深不浅时，浮水叶起作用较大。萍蓬草的根状茎含淀粉可食用，也能入药，有补养作用。

此外，睡莲科植物中，还有号称世界上叶子最大的植物王莲，其原产地为南美洲亚马孙河河口一带。其叶呈圆盘形，边向上卷，直径达2米，其边有缺

口，这是由于热带雨多，王莲叶面易积水，水多了就从缺口流走了，可保证叶的正常生长。中国早已引种了王莲，需要温水池方可成活，为著名观赏植物。

四、淹不死的金鱼藻

金鱼藻属于金鱼藻科金鱼藻属，它是一种全身终年浸水中的水生植物，没有根扎于泥中，为多年生的草本植物。分枝多，叶子8～10个轮生，叶片1～2回二叉状分歧，裂片丝状，可以全方位与水接触，根已退化消失，叶含叶绿素，可进行光合作用。它们在水里生活，被称为淹不死的水草。金鱼藻分布于全国各地的池塘、河沟中，北京多见。全草可作猪、鱼和家禽的饲料。

金鱼藻

五、水陆两栖植物

水生植物中有既能下水又能上岸生长的种类，被人称为两栖植物，著名代表是两栖蓼。

两栖蓼

两栖蓼属于蓼科蓼属，为多年生草本植物。植株有两型，在水里的植株，其叶子椭圆形，浮水面，叶上面光滑无毛，含叶绿素，可正常进行光合作用，开花时，花序伸出水面以上，花白色。两栖蓼陆地生长时它的植株直立，茎上有叶，叶窄长，有毛，明显表现出旱生叶特征。如若将陆地上植株挖出来，放在水盆中，用水浸泡，它会生长出水生型的叶子来；而若将水生的植株放入备有泥土的盆中，不加水深浸，又会生出陆生型茎叶来，这说明它的水陆两栖的特性已有了固定的遗传性了，所以称它两栖蓼。

两栖蓼分布在南、北广大地区，北京的水池、水塘也有，水生、旱生植株都有。

六、苦草的巧妙传粉

大家都知道，植物开花结实是繁殖后代的有效方法之一。开花后必须通过传粉授精才能结实，产生有效的种子。水生植物在水中生活，尤其是终年浸在水面以下生活，怎样才能实现传粉授精呢？苦草是一个很巧妙的例子。

苦草属于水鳖科苦草属。它的根扎在水底泥中，植株是雌雄异株的，叶子绿色，丛生，叶形像窄带子一样，直立水中，随水漂动。雄株的雄花花蕾在水里形成后，就脱离母株，浮上水面，花蕾在水面开花，散发出花粉在水面。雌花的花蕾形成后，它的很长的花梗将花蕾送到水面，在水面开花，但花不脱离花梗，这时水面上浮游的花粉或花朵，碰到雌花时，就可以进行授粉，授粉后，雌花关闭，花梗便以螺旋扭曲的方式，将雌花拉到了水底，果实在水底形成。条件适当时，果实中的种子可萌发产生新个体。

苦草分布于华北至华南、西南各省，北京也有，北京颐和园、圆明园及郊区的池沼或河流中均有。苦草可作鸭子和鱼的饲料。

七、菹草的繁殖

眼子菜科眼子菜属中，有一种叫菹草的水生植物，沉水生，叶片条形，边缘有皱褶。它用无性繁殖产生新个体芽。这种芽出生在茎顶端，外形像一段短的茎叶，节间短，有叶3～4对，叶片比正常叶厚，一般到了秋天，这种芽的叶子中细胞积累了许多营养物质，如淀粉等，芽的比重增加，就可以脱离母体，沉到了水底，等过了冬，

菹草

春天到来时，淀粉分解，芽变轻了，就漂到水面上来，长成新株。

菹草分布广泛，北京很多，生于塘中。全草可作鸭、鱼和猪饲料。

八、靠吃虫开荤的狸藻和貉藻

水生植物中的狸藻为狸藻科狸藻属的一年生草本植物。它的叶轮生，羽状复叶，叶分裂为无数丝状裂片，无根。它的叶上有许多小的囊状体，即为捕虫器官，其囊口有膜瓣，当小虫子随水流进入囊状体后，由于膜瓣只向内开，虫子再也出不来，虫体为囊内分泌的酶所消化分解吸收，化为营养。狸藻为什么捉虫子"吃"？由于水中缺少营养，靠吃虫子以补营养之不足。狸藻开花时，花能伸出水面以上，靠虫媒传粉。它分布于淡水池塘中，遍布全国，北京平原各池塘、池沼中均有，颐和园也有。狸藻为杂草，可考虑栽培作观赏植物。

狸藻

与狸藻有类似吃虫性能的植物还有貉藻，属于茅膏菜科，仅一种。沉水生，茎长仅十多厘米，叶轮生，每轮有5～9叶，花白色。叶的表面有感应刚毛，水中的小甲壳类动物触动这种刚毛时，叶片以中脉为轴，两边互相包合，外缘紧贴，就包牢了小动物。叶的中脉附近还有腺毛，能分泌出蛋白质分解酶，将虫体消化吸收。貉藻叶含叶绿素，捕不到动物时，也可以生长。当水中氮素营养不足、光照又不够时，促使它"捉"虫子以补营养。貉藻分布在黑龙江省，亚洲其他地区和欧洲、大洋洲也有分布，生于淡水池沼中。

有毒植物要防

马桑

世界上有毒的植物不少，据《中国有毒植物》一书记载，中国有毒植物有101科943种。

有毒植物中木本、草本都有，本节只择要介绍与我们日常生活有关系的种类，或不容易见到但又极特殊的种。

对于有毒植物，应当有防范的意识，如果不防，往往会发生误食的意外。

一、有毒的树木

最著名的莫如箭毒木，又称"见血封喉"。它是一种常绿乔木，属于桑科见血封喉属，有白色树汁，单叶互生，全缘或有锯齿状裂片，叶片长椭圆形，长可达19厘米，宽达6厘米，背面有毛。雄花序呈头状。果实梨形，肉质，黑色。分布于广西、云南和广东，东南亚各国也有。多生于丘陵地带林中或平地近村落处。

这种树的树液有剧毒，如果人伤口触及此树液即可中毒，引起肌肉松弛，最后心跳停止而亡；动物中毒症状与人相似，中毒后20分钟至2小时死亡，古代人民常用此树液作箭毒以打猎捕兽，故名箭毒木。

到了有见血封喉树的地区，要特别注意，只可外观，不可接触。

马桑也是著名有毒植物，属于马桑科马桑属（本科仅此一属）。马桑属有15种，中国有3种，其中马桑最著名，为灌木，高可达2.5

见血封喉

米，幼枝有棱，紫红色。叶为单叶对生，椭圆形，长达8厘米。总状花序侧生于上年枝上，长约达6厘米，花杂性，春天开紫绿色小花。果为瘦果但呈浆果状，原因是它的花瓣肉质化包围了瘦果，也有称为假核果的，果初红色，后变黑紫色。种子卵状长圆形。

马桑分布于四川、云南、陕西、甘肃，还有河南、山西、湖南、湖北和台湾，四川极多见，多生于低海拔至高海拔的林下或灌丛带。

马桑全株有毒，嫩叶及未成熟果毒性特大。果熟时，毒性降低，误食未熟果即中毒，全身麻木、恶心、呕吐、血压上升，最后呼吸衰竭死亡。种子毒性更大，含马桑内脂等成分。曾见报载小孩摘食马桑果中毒死亡者，因其果有甜味，最易误食。

二、有毒的草

草本植物有毒的较多。

华北地区有一种野生草本植物，叫草乌或叫北乌头，属毛茛科乌头属。多年生，有块根。叶掌状3全裂。花序顶生，花朵较大，紫蓝色，花瓣2，内藏，较窄小，有距。果为蓇葖果。7～9月开花，春天出苗。分布于东北和华北，朝鲜、西伯利亚也有。多生山地水沟边或林下。

草乌全草有毒，以块根毒性大，主要含乌头碱等多种生物碱。乌头属有许多种，南方、北方都有，都有毒不可食。

毒芹是另一种毒草，属伞形科毒芹属，为剧毒之草。多年生，高可达1.2米，根状茎粗短，呈笋形，节间内有横隔，茎粗，中空。叶多为2～3回（有时4回）羽状复叶，羽片边缘有齿。复伞形花序，花小，白色。双悬果卵球形，有粗棱。7～8月开花，8～9月结果。分布于东北、华北和西北，四川也有，北京郊区如怀柔喇叭沟门一带有分布，生于沼地或河边。毒芹全草均有毒，尤以根状茎为甚，

毒芹

牲口食之死亡者甚多。人误食中毒，即恶心、昏迷、窒息死亡。

毒芹主要含毒芹毒素等多种成分。毒芹毒素为一种痉挛毒（神经毒），它兴奋延髓呼吸中枢，最终导致呼吸麻痹死亡。

有一种野生的水芹，也属伞形科，长得与毒芹有些相似，但水芹可当野菜吃，因此切勿将二者混淆。水芹的植株较矮，有匍匐根状茎。1～2回羽状复叶，叶裂片较宽。果光滑，有钝棱。水芹生平原浅水中，山沟湿地也有。细心看是可以和毒芹区别的。

三、藤本中的"毒王"

木质藤本中有一种叫钩吻或叫胡蔓藤的植物，属马钱科胡蔓藤属，有2种，分别产于美洲和亚洲，中国有分布，多产于云南、广东至福建一带。

胡蔓藤为缠绕常绿藤本，叶对生，全缘，花小，黄色，花冠漏斗状，5裂，雄蕊5，蒴果，种子有翅，常多朵花成聚伞花序，生叶腋。花期8～11月，果期11月至次年2月，多生丘陵灌林中。全株有剧毒，以根和幼叶为甚，误食极易死亡。

有毒成分为生物碱，主要对神经系统有毒，中毒即吞咽困难，渐至呼吸困难而亡。古代多称它为"断肠草"。

据报道，台湾曾有四人上山去采金银花（为一种木质藤本，叶对生），误将胡蔓藤当金银花，采回泡水喝而中毒，喝得多的人死亡，喝得少的人经抢救转危为安。

话说外来植物

豚草

　　近四五十年以来，从境外传布到中国的植物种类很多。这些植物通常被称为外来植物或入侵植物。外来植物中有一部分是有害的，它们不仅繁殖快、占地广、严重侵犯本地植物的生存环境，造成其生长受限甚至死亡，而且对生态环境造成恶劣影响，有些种类对人的健康危害大。因此，要严防有害植物的入侵，一旦发现即应清除或设法利用它们。本书仅择要介绍几种。

一、繁殖惊人的豚草

笔者亲眼见的豚草，其繁殖之快之凶，让人惊叹不已。那是20世纪80年代中期，笔者去北京金山原生物实习站，当走到第四十七中学大门外的一条干沟边时，忽见一种陌生的植物，足有1米高，生在沟底，已成群长高到地面上来了。那叶子不小，特征是有3个裂片，手感很粗糙。问当地老百姓，都不认识，只说是一种野麻。再看看它的雄花，花药鲜黄色，特别耀眼。那时便采了标本带回去，以便鉴定。

也是凑巧，由于笔者有鼻子过敏的毛病，便来到协和医院变态反应科诊治。据医生护士说，近来从美洲传过来两种豚草，其中一种叶子三裂，繁殖快，它的花粉多对人有害，这花粉能进入呼吸道使人生过敏症，危害范围很广。医生们还不知北京郊外已有这种草了。我告诉他们，我已见到北京郊区有一种叶3裂的豚草了。他们听了就决定去看那豚草，认为可以采它的花粉制作抗敏源药物用于医疗。我同该院医生们去了那地方，一看豚草又发展了。有的植株已有两米多高了，那态势就像要蔓延成森林似的，繁殖得太快了。

过了一年，笔者带学生去东灵山实习。回校时，半路上因故汽车停了下来，学生们下车活动一下，一学生在农田边采回一种草，让我看看。他说不认得，我一看，正是上述的豚草（种名三裂叶豚草）。学生说他见到一大片，笔者才知三裂叶豚草散布的范围已经很广。

另一种豚草即叫豚草，其茎部的对生叶片细裂，极像一种艾蒿，只是没有艾蒿那种气味。在20世纪70年代，笔者曾在南京卫岗一带见过，那时不认得，以为是一种艾蒿，那真是成片的。稍触动它一下，即有尘土似的如雾一样的东西飞腾，就是它那能让人过敏的花粉。到了80年代，笔者在沈阳故宫中又见到了这草。又一年在北戴河开会，走到海边，见海边这豚草成片地生长，十分可怕。2006年我随学校校外实习队去了山东昆嵛山。一天，我走进山沟中一个长久无人居住的院子里。只见杂草丛生，其中居然有几株豚草。它们到底是怎么进入这山沟的？估计是从前这里有人住时，人们从外面无意中带进的，可见这豚草借人力传播的能力非同一般！

以上两种豚草是笔者见过的外来入侵有害植物中记忆最深的。这些危害人类的草从美洲漂洋过海来中国落户，且繁殖快，繁殖能力极强。

豚草属菊科豚草属，一年生草本，高20厘米至1.5米。基部叶对生，2～3回羽状分裂，长10～15厘米、宽6～10厘米，裂片披针形，全缘，两面有毛，叶柄短。头状花序，单性，雄的多在茎顶排成总状，长达15厘米，黄绿色，雄花黄色，长2毫米；雌性花序头状，生雄性头状花序下部叶腋，每花序有一雌花。瘦果，倒卵形，无冠毛，先端有喙。

据《中国外来植物》一书记载，中国已有十几个省份存在这种植物。其危害是阻碍农作物生长，其花粉可引起呼吸道过敏反应、哮喘、过敏性皮炎。

三裂叶豚草与上种同科同属不同种，一年生草本，高50～170厘米，茎粗壮，叶有柄，茎下部叶3～5深裂或不裂，裂片卵状披针形，两面有糙伏毛。雄头状花序多，在枝顶成总状排列，花多数黄色；雌头状花序聚生雄头状花序下的叶腋。总苞倒卵形，有喙，花单一，无花冠。瘦果倒卵形，藏于坚硬的总苞内。

三裂叶豚草危害大，其花粉可引起人过敏反应，为秋季花粉过敏症主要过敏原，严重患者可并发肺气肿、肺心病甚至死亡。三裂叶豚草侵入农田可使作物减产，使玉米颗粒无收。

二、薇甘菊真凶

有一年，笔者在深圳植物园见到一种藤本植物，地沟边到处是这种植物，经打听才知是一种外来的植物，名叫薇甘菊。笔者采了一段茎叶察看，发现是草质藤本，有极小的头状花序。果小，有白色冠毛，可随风飞散，听说有"一分钟一英里"的说法。

毫无疑问，这是一种繁殖力极强的植物，我注意到它的茎上和茎节上都能生小根。小根扎入土中，就能生出新株来，再加上果实发芽成新株，那么一个个母株就能出许多小株，难怪它一长就是一大片。被它攀援缠绕的树木，光合作用会受到阻碍，久之必枯无疑。

薇甘菊原产于南美，据说最早是1884年人工从原产地引入香港栽于公园内。百年后的1984年，在深圳银湖区发现了它，但极少，到了90年代初，就几年时间，这种植物已经在广东沿海地区大量繁殖生长。薇甘菊东南亚和南亚各国都大量存在，是世界上最有害的100种入侵物种之一。

薇甘菊的危害主要是覆盖树木，尤其是经济植物如香蕉、荔枝、龙眼等受害极大。薇甘菊很难对付，科研人员正努力研究清除它的方法。

薇甘菊属于菊科假泽兰属，一年生草质藤本，茎藤细长，有分枝，节和节间可生不定根。叶对生，叶片三角状卵形或卵形，先端短尾尖状，基部深心

薇甘菊

形，基脉3～5，边缘疏生齿，有叶柄。头状花序顶生、腋生，由许多小形头状花序组成，又有排成复伞房花序；花小，白色，管状，5齿裂；小瘦果，黑色，有白色冠毛。

原产美洲热带，今已广布于深圳、广东沿海，广西也有。

三、霸占云南的紫茎泽兰

紫茎泽兰也是一种菊科的野草。多年生草本，茎可高达2.5米，深紫色。它进入云南已有80年的历史了。1935年于云南南部初见。可能是从缅甸进入的。到了云南后，它凭借自己顽强的繁殖能力，80年来，可谓一路风雨无阻，并且云南省面积80%以上的地方都已发现紫茎泽兰，你说厉害不厉害！紫茎泽兰一长就是一大片，每个植株一年结籽达万粒以上。因为种子小、有刺毛，风帮了它的大忙，把种子吹到好远好远，它便在新地落户成家，然后又产生新一代，又借风力再往远处传播，就这样年复一年，霸占的地方无法精确统计，少说也有20多万平方千米，每年扩展速度不少于10平方千米。如今不仅云南、四川、广西、贵州、西藏、青海等省、区也深受其害。

紫茎泽兰的花粉可使马产生哮喘病；其叶有毒，牛羊吃了可中毒死亡；它影响林木和农作物的生长，侵入农田可大量减少土地肥力，造成作物严重减产；侵入林木区，林木生长衰退。当地人民正设法抑制它；或利用其弱点，用化学方法防治，利用其植株提取杀虫剂；等等。

紫茎泽兰属于菊科泽兰属，又称破坏草、黑草、臭草、飞机草、霸王草、败马草。多年生草本。根状茎发达，茎高0.8～2.5米，基部木质分段对生，茎略紫色有毛。单叶，对生，有长柄，叶片卵状三角形，边有粗齿，基出3脉。头状花序多数在茎顶排成伞房状，总苞宽钟状，小花管状，两性，淡紫或白色。瘦果，长圆柱状，有5棱，冠毛白色，小，有刺毛。

从以上四种入侵我国的植物看，它们对我国农林业和人民生活带来巨大灾害，必须认真对待。另外我国外来植物多达几百种，并不是每个种都有危害，如西红柿、马铃薯、白薯、向日葵等都来自美洲，但它们对我国人民生活却有积极贡献。即使是有害植物，也应研究其特点，加以利用，增加好处，去掉坏处，这是一个既复杂又需要深入研究的问题。

后　记

　　从本书前面介绍的内容可知，植物与人类生活的关系是密切的。古人云："衣食足，然后知荣辱，仓廪实，然后知礼义"，可见人类首先要丰衣足食，保证了生命的延续，然后才能谈到精神境界的高尚。而物质生活的满足与地球上千千万万的植物密不可分，粮食、蔬菜、水果、油料、饮料、香料、纤维等，保证了食和衣；树木、花卉、草地给人以精神上的安慰。有些植物虽对人有害，只要化害为利，仍可利用。

　　地球上的植物对人类的生活太重要了，而人类又往往在做损害自然界的事，时常毁林开荒或乱砍滥伐经济植物中的药用植物，尤其对一些珍贵的种类，滥采滥挖，不计后果，如甘草，据说野生已稀见；野生人参更是几已灭绝；野生的兰花也曾遭大肆采挖而日渐减少……许多野生植物是大自然丰富的基因库，利用其优点改良、栽培作物至关重要，可以说保护植物就是保护人类自己。

锡林郭勒盟阿巴嘎旗